내가 빵을 굽다니,
찬장 속 밀가루가
웃을 ⌣ 일이다

동화작가 박채란의
쿠킹 에세이

내가 빵을 굽다니,
찬장 속 밀가루가
웃을 일이다

토토북

차
례

밀가루 말고 쌀가루 ⋯ 182

세상에 내가 베이킹 에세이를 쓰다니. 찬장 속 밀가루가 웃을 일이다. 나는 글 쓰는 사람이다. 글 쓰는 사람이니 당연히 요리를 못할 거라는 생각은 편견이지만, 글 쓰는 여자로 살면서 요리까지 잘하기는 싫었다. 나는 내 정신의 세계가 가장 중요하다. 하지만 사람이란 살기 위해서는 뭐든지 하는 존재. 도저히 받아들여지지 않던 것을 받아들이는 것이 어른이 되는 과정이라면, 나는 내 삶에 밀가루와 쌀가루, 이스트와 베이킹 소다 같은 '진정 놀라운 가루류'를 깊이 받아들이며 더 나은 어른이 되었다.

모든 일은 겨울 방학에 시작되었다. 겨울이 지나고 봄이 오면 딸은 3학년이 될 것이었고, 아들은 입학하게 될 터였다. 30시간 진통 끝에 첫 아이를 낳은 게 어제 일 같은데, 벌써 열 살이라니. 그야말로 껌처럼 붙어 모유 수유하던 시간에 비하면 열 살, 여덟 살 아이들을 키우는 건 거저먹기라고 여길 수 있지만, 대한민국 모든 엄마들이 알다시피 육아에 거저란 없다. 매일 새로운 과제와 한계를 맞닥뜨리는 것이 아이를 키우는 일이다.

아이를 낳고는 늘 겨울이 싫었다. 한번 밖에 나가려면 준비해야 하는 게 너무 많다 보니 쉬이 지쳤고, 당연히 다른 계절보다 외출 횟수가 줄어든다. 봄이나 가을에는 애들이 집에서 소란을 부리면, 나가서 좀 놀다 와, 하고 쫓아내면 그만이다. 여름에는 대야에 물이라도 받아 앉히면 된다. 하지만 겨울은 참 어렵다. 하느님이 어른들은 방치하셔도 어린이들은 매일 충전을 해주시는지, 엄마는 방전이어도 아이들은 계절을 가리지 않고 언제나 에너지가 넘친다. 그 에너지 넘치는 아이들이 온종일 집에 갇혀있자면, 필시 사건사고가 생기고 만다. 컵을 깨고, 의자에서 떨어지고, 문틈에 손이 끼고, 뭔가 고장 내고, 그러다가 싸우고, 울고, 누나가 때렸어! 엄마, 미워! 속상하단 말이야! 엄마는 동생 편만 들어! 으악! 생각만 해도 피곤하다.

아이들이 아무리 엄마를 힘들게 해도 아이는 엄마를 괴롭히려고 태어난 존재가 아니다. 나는 모든 인간은 기쁨을 경험하기 위해 세상에 왔다고 믿는다. 아이들 역시 행복해지기 위해 분투하는 것뿐. 자, 그렇다면 너희도 기분 좋고 나도 기분 좋은 무언가를 하자. 그건 무엇일까? 아마 나의 베이킹은 이렇게 시작되었을 것이다.

'아마'라는 단어를 넣은 것은 그 당시 내가 이 모든 것을 논리적으로 판단하여 결정한 것이 아니기 때문이다. 아이들과 내가 함께 즐거우려면 어떻게 해야 하지? 그래, 어디 한번 빵을 만들어 볼까? 라는 식으로 생각이 전개된 건 아니라는 뜻이다. 어느새 정신을 차려보니 나는 빵 반죽을 치대고 있었다. 빵 반죽을 하는 내가 무척 낯설었으므로, 나는 글쓰는 자로써 늘 해왔던 질문을 나에게 던져 보았다.

'나는 지금 여기서 무엇을 하고 있나? 이 일은 왜 일어났나? 이 일의 의미는 무엇인가?'

이 책은 아이들과 함께 기쁘게 빵을 만들어 먹었던 시간의 기록임과 동시에, 그 시간을 통과하며 내가 나에게 던진 질문과 대답의 묶음이다. 진짜 궁금한 것을 묻고 최대한 진실하게 답하는 것이야말로, 우리를 우리 너머로 데려다주는 가장 위대하고 안전한 방법이라고 믿기 때문에, 문답의 시간도 문답을 찬찬히 남기는 시간도 내게 귀했다.

그리하여 내가 이 글을 쓰는 것은 매일매일 온 힘을 다해 분투하는 엄마들에게, 저기요, 아무리 바빠도 시간 내서 빵 좀 만들어 주세요, 애들이 무척 좋아한답니다, 따위의 꼰대질을 하기 위해서는 아니다. 다만 말을 건네는 것이다. 저는 이 시간을 이렇게 건너고 있어요. 여러분은 어떻게 건너고 있나요? 제게 이 시간은 이런 의미예요. 여러분은 어떤 시간을 어떤 의미로 채우고 있나요?

부디 내 이야기와 질문이 어딘가에 가닿아 누군가의 삶에 작은 물결이 되어주기를. 그 물결이 당신의 삶을 움직이고, 그 움직임이 다시 누군가의 삶을 간질이는 물결이 되기를 소망한다. 그렇게 서로를 울리는 작은 물결들이야말로 그 어떤 거대한 힘으로도 막을 수 없는 진짜 구원이라고 믿기 때문에.

멋도 모르고 시작했다

추
로
스

왜 힘든 날 뭘 만들어 먹고 싶을까?

추로스

12월이었다. 작가로, 글쓰기 강사로, 지원 사업 참여자로 갖가지 일을 하는 나에게 12월은 언제나 빡세다. 해를 넘기지 않고 마무리해야 하는 서류들 때문이다. 출퇴근 없이 아이들을 돌봐가며 일할 수 있는 것은 장점이지만, 프리랜서에게 마감은 그야말로 밀물처럼 사정없이 몰려온다.

그날도 그런 날 중 하나였다. 지금이라도 이메일 함을 뒤져보면 그날까지 보내야 했던 서류의 목록을 작성할 수 있겠지만 찾고 싶지는 않다. 다만 마지막 순간까지 목덜미를 뻣뻣하게 만드는 하기 싫어 미치겠다는 그 부담의 감각은 선명하다. 안 할 수 없을까? 없다. 돈을 받았으니까. 미룰 수 없을까? 없다. 미룰 만큼 미뤘으니까. 그럼 해야지. 시간이 흐를수록 내가 자판을 치는 건지 자판이 나를 움직이는 건지 모르겠는 지경이 된다. 헉헉거리며 한 줄 한 줄 타이핑한다. 겨우겨우 끝! 파일 첨부 그리고 보내기 클릭! 자, 또 하나 끝! 야호!

그 전날도 전전날도 쉬지도 잠을 제대로 자지도 못한 나. 제정신이라면 그대로 안방으로 들어가 쓰러지는 것이 옳다. 얘들아, 엄마 일하느라 못 잤어. 1시간만 건드리지 말아 주라, 정도로 부탁하면 애들도 알아서 기다려준다. 그런데 컴퓨터를 끄고 서재 밖으로 나간 나는 부엌에서 마주친 딸에게 이렇게 말하고 말았다.

"딸! 우리 추로스 만들어 먹을까?"

성대를 울린 목소리가 입술 밖으로 나감과 동시에 머릿속에서 또 다른 내가 말했다. 미친 거 아니야? 가서 자. 자라고! 하지만 딸은 성대를 울려 나간 목소리만 들을 뿐 내 머릿속 목소리는 못 듣는다. 당연히 환호성을 지른다.

"응. 응. 추로스 만들자! 와! 추로스다!"

덩달아 둘째도 달라붙는다.

"엄마, 누나랑 뭐 만들 거야? 나도 해 보고 싶어."

안 돼! 지금이라도 도망쳐, 라고 내 머릿속 또 다른 내가 말하지만, 이미 내 팔은 찬장 문을 열고 상자 하나를 꺼내고 있다. '홈메이드 추로스 만들기'라는 이름의 상자. 며칠 전 장을 보며 이 물건을 산 이유는 간단했다.

놀이공원에 가서 먹는 추로스는 언제나 감질난다. 실컷 노느라 배가 고픈 상태이기도 하거니와 와자작 부서지는 설탕의 달콤함에 쫀득한 반죽 그리고 알싸한 계피 맛까지. 하지만 추로스 한 줄의 가격은 삼천 원 이상. 한 개 이상 먹기는 부담스럽다. 그런데 오천몇백 원짜리 추로스 만들기 세트에 추로스 20개 분량이라고 쓰여 있는 것이 아닌가. 오천 원에 추로스 20개란 말이지? 이런 식의 계산을 하며 그 상자를 카트에 담았을 것이다. 나는 이렇게 단순한 인간이다. 그 '추로스 만들기'는 우리 집 찬장에서 한 이삼일 잊혀 있다가 그날 아이들의 환호를 받으며 식탁 위에 등장한 것이다.

박스를 뜯고 설명을 읽는다. ① 반죽하기 ② 모양 짜기 ③ 조리하기. 오, 간단하다. 박스 안에 짤주머니와 모양 깍지도 들어있다. 애들은 포장을 뜯자마자 난리다. 엄마, 이거 짜는 거야? 어떻게 짜? 어디다 넣어? 사실은 나도 처음이지만, 그래도 애들보다 오래 살았으니 보고 들은 게 있다. 나는 비닐로 된 짤주머니 끝을 조금 자르고 모양 깍지를 끼워 넣는다. 그리고 마치 여러 번 해본 것처럼 잘난 척한다. 자, 봐. 반죽해서 여기 넣을 거야. 그리고 쭉 짜면 추로스 모양이 될 거야. 우와! 엄마 대단하다. 아이들은 언제나 진심이다. 애들이 감탄해 주니 바로 어깨가 으쓱. 그래, 이 기분으로 한번 만들어보자.

우선 박스 안에 있는 봉지를 뜯어 가루를 볼에 쏟아붓는다. 그리고 정해진 양의 물과 식용유를 넣어 반죽한다. 애들이 서로 해 보겠다고 난리지만, 일단 반죽은 엄마만. 시작부터 난장판이 되면 안 되니까. 조금만 기다리렴. 차례가 돌아온단다. 자, 이제 다
된 반죽을 짤주머니에 넣어주고 딸아이에게 짜보라고

했다. 양손으로 꾹 눌러 짜니 뭔가 깍지 밖으로 나오기는 하는데……. 변비 걸린 것처럼 영 시원찮다. 딸이 말한다. 엄마, 팔이 너무 아파. 그래? 그럼 이번에는 네가 해봐. 둘째도 꾹 눌러본다. 그리고 말한다. 엄마, 안 나와. 역시 시원치 않다. 얘들이 왜 이렇게 힘이 없나. 이번에는 내가 받아서 해본다. 꾹! 하고 누르니 앗 이게 웬일인가? 퐁! 하고 모양 깍지가 비닐 밖으로 빠져 버린다. 아이고오! 부엌은 한바탕 웃음바다가 되었다.

물양을 잘 못 맞추어 반죽이 너무 되게 되었나 보다. 나는 반죽을 꺼내 물을 조금 더 넣어 농도를 맞추었다. 그리고 다시 딸아이에게 넘겨주었다. 이제 나온다! 딸은 천천히 정성스럽게 하나씩 반죽을 짠다. 오오, 좋아. 모양 마음에 들어! 이미 흥미가 없어진 아들은 사라진 뒤였기 때문에, 딸이 집중해서 반죽을 짜는 부엌은 고요하기까지 하다.

다 짜 놓은 반죽을 달구어진 기름에 올리고 살살 굴리자, 고소한 냄새가 집안에 퍼진다. 사라졌던 아들이 돌아온다. 언제 먹을 수 있냐고 스무 번쯤 물어보는 아이들을 달래느라 완성된 것부터 설탕을 묻혀준다. 와작와작, 먹는 소리를 들으며 남은 것을 또 튀긴다. 다 익은 걸 그릇에 담아주고 프라이팬이며 그릇을 정리하고 돌아서니 헉. 몇 개 없다. 아이들이 말한다. 엄마, 맛있어요. 또 해주세요.

손가락에 묻은 설탕을 쪽쪽 빨아 먹는 애들을 보며 나도 하나 집어먹어 본다. 달콤하고 고소하고 쫄깃하다. 오, 맛있다. 기분 좋다. 놀이공원 한가운데 서 있는 것 같다. 어디선가 바이킹 타는 사람들이 소리 지르는 게 들려온다. 음, 좋아. 완전 좋은데? 만족감을 잠시 음미하며 생각했다. 그렇구나, 며칠간의 영혼 없는 문서 작업에 지친 나, 지금 잠보다 기쁨이 필요했구나. 살아있다는 감각을 느끼고 싶었구나. 나는 내가 만든 추로스 한 개를 꼭꼭 씹어 다 먹었다. 손가락에 묻은 설탕까지 쪽쪽 빤다. 아이들이 그랬던 것처럼.

⚠ 주의사항 부엌이 온통 설탕 천지가 됩니다. 마음을 편하게 가져야 해요. 식탁 위에 애들이 흘린 설탕을 손가락으로 찍어 먹는 것 정도는 허용해 주세요. 안 그러면 바닥에 흘린 걸 몰래 핥아먹는 꼴을 보게 됩니다.

간단하게 해먹을 수 있는 믹스 세트, 은근히 많아요

추로스 만들기 세트로 나는 믹스의 세계로 입문했다. 믹스 세트는 처음 빵을 만들어보고 싶은 사람에게는 무척 편리하다. 한 회분의 재료가 모두 들어있을 뿐 아니라, 만드는 과정도 단순화 해놓았기 때문이다. 앞으로 얼마나 빵을 많이 만들어 먹을지도 모르는데, 이스트며, 베이킹파우더를 한 통씩 사는 건 부담스럽다.

예를 들어 추로스는 계피 향이 생명인데, 추로스 좀 만들자고 계핏가루를 사는 것은 망설여진다. 이럴 때 믹스는 손쉬운 대안이다. 한 번 먹을 분량으로 모든 재료가 소포장 되어 있으니 염려 없다.

물론 재료 하나하나를 직접 선택하며 취향껏 자기만의 레시피를 만들지 못하는 것과 은근히 포장 쓰레기가 많이 나온다는 것은 아쉽지만, 믹스로 손쉽게 만든다고 해서 기쁨까지 줄어드는 것은 아니다. 특히 아이들은 오븐에서 빵 구워지는 냄새만 나도 행복해한다.

〈호떡믹스〉는 누름 틀로 누를 때의 재미가 있고 〈머핀믹스〉는 양껏 구워 두고두고 출출할 때 간식으로 먹기에 좋다. 〈핫케이크 가루〉는 아침 대용으로 훌륭하고, 〈쿠키믹스〉는 애들이 친구를 데려왔을 때 구워주기 좋다. 그 밖에도 마카롱, 스펀지케이크, 파운드케이크 심지어는 커리와 같이 먹는 빵인 난까지도 믹스 제품이 나와 있는 것을 보면, 약간의 도움을 받아서라도 무언가를 직접 만들어 먹고 싶다는 인간의 욕구는 억누를 수 없나 보다.

멋도 모르고 시작했다

붕어
빵

겨울방학, 도구가 필요합니다

붕어빵

'머리부터 먹을까 꼬리부터 먹을까?'

어린 시절, 붕어빵을 한 손에 들고 언제나 했던 고민이다. 머리부터 먹으면 달콤한 팥을 한입에 베어 물 수 있다. 꼬리부터 먹으면 바삭하고 쫄깃하다. 그날 기분에 따라 머리를 먼저 먹기도 하고 꼬리를 먼저 먹기도 한다. 머리냐 꼬리냐? 별 것 아니지만 무언가 내가 선택할 수 있다는 게 기뻤다.

삼 년 전 겨울, 우리 집 근처 큰 길가에도 붕어빵 포장마차가 생겼다. 우리 가족은 추운 겨울에도 산책을 핑계로 나가 붕어빵을 사 오곤 했다. 그런데 장사가 시원치 않았는지, 문 여는 날이 줄더니 언젠가부터 더 이상 장사를 하지 않았다. 혹시나 하는 마음에 가끔 찾아가 보았지만 결국 포장마차마저 사라졌다. 나 어릴 적에는 골목골목 군고구마며 붕어빵

장사가 많았는데, 이제는 붕어빵을 사 먹으려면 차를 타고 나가야 하는 지경이라 아쉬웠다. 그렇게 시간이 흐르고 잊었다.

다시 겨울이 왔다. 때마침 둘째가 다니던 어린이집에 신종플루가 돌았다. 얼마나 센 녀석이었는지 순식간에 어린이집 대부분의 아이가 걸리고 말았다. 당연히 우리 둘째도 걸렸다. 약 먹고 큰 고생 없이 열은 내렸지만, 완치 판정을 받기 전까지는 등원 불가. 당연히 바깥출입도 금지. 이를 어쩐담.

붕어빵 생각이 났다. 사다 주면 좋아할 텐데. 맛있게 먹고 잠깐이라도 행복해질 수 있을 텐데. 하지만 붕어빵 아저씨는 없다. 인터넷을 검색하다 와플 기계를 발견했다. 붕어빵 모양의 틀로 바꾸어 끼우면 붕어빵도 만들 수 있었다. 가격은 삼만 원이 안 되었다. 이만 구천 얼마. 오오, 나쁘지 않다. 겨울 방학 내내 애들이랑 붕어빵을 구워 먹는다면 남는 장사. (라고 그때는 생각했다. 나의 단순함은 언제나 이럴 때 빛을 발한다.) 그래, 사는 김에 전동 거품기도 하나 사자. 언제부턴가 딸아이가 머랭쿠키라는 걸 만들어 달라고 했다. 그건 거품기가 있어야만 가능하지. 날을 바꾸면 반죽기 역할도 하는 기계가 역시 삼만 원을 넘지 않았다. 물론 더 좋은 물건들은 널려있고, 나도 예쁘고 성능 좋은 것을 가지고 싶었지만, 휘리릭 불타올랐다가 꼬로록 사그라들고 마는 나의 열정을 생각하면 그 정도가 적당했다. 그럼 그럼. 긴 겨울을 버티려면 도구가 필요해. 나는 주저 없이 오만 얼마를 결제했고, 두 개의 기계는 로켓배송으로 이틀 만에 도착했다. 그때는 몰랐다. 이 와플 기계와 전동 거품기를 산 것이 아주 긴 여행의 시작이었다는 걸.

배송된 물건이 도착하자 당연히 아이들은 뛸 듯이 기뻐했다. 신난 아이들을 보는 건 참 좋다. 누군가를 기쁘게 하는 것도 중독이라면 중독. 덩달아 행복해진다. 하지만 멍청해도 이렇게 멍청할 수가 있나. 나는 붕어빵 만들 기계만 샀지, 정작 붕어빵 재료는 안 산 거다. 아이고 참. 폭풍 검색해 보니 핫케이크 가루를 이용해도 된단다. 앗싸! 집에 한 봉지 있구나. 하지만 팥이 없는걸. 상심한 나에게 아이들이 와서 말해준다. 엄마 치즈를 넣어 볼까? 잼을 넣어볼까? 그래, 속은 그냥 맛있는 걸 넣으면 되는 거지 꼭 팥일 필요는 없어. 역시 어린이다.

자, 그럼 시작해 볼까? 핫케이크 가루에 물을 넣어 반죽을 만들고, 속에 넣을 재료를 준비한다. 그리고 스위치 온. 예열되고 난 후에 반죽을 넣어야 한다. 빨간 불이 초록 불로 바뀌고 예열이 끝났을 때, 뭔가 찜찜하다. 그래, 기름을 발라야지, 이대로 하면 다 들러붙을 거야. 나는 붕어빵 틀에 꼼꼼하게 식용유를 발랐다. 역시 나는 똑똑해, 기뻐하며. 자, 이제 반죽을 넣어보자. 나는 숟가락으로 반죽을 떠서 머리 쪽부터 반죽을 채웠다. 가운데 속을 넣고 다시 위에 반죽을 부어주고, 이제 꾹! 겨우 손잡이를 눌렀을 뿐인데 엄청 큰일을 한 것 같다. 애들은 붕어빵 언제 나오

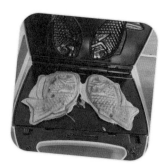

냐고 난리다. 고소한 냄새가 풍기고 얍! 뚜껑을 연다. 에이, 붕어빵이 2마리가 아니라 4마리다. 반죽이 너무 묽어 속이 밖으로 다 빠져나오면서 모양이 부서진 것! 이건 실패구나.

실패거나 말거나 아이들은 부서진 붕어빵을 들고 가서 먹는다. 맛있다며 좋아한다. 하지

만 자존심상 이렇게 물러설 수는 없지. 반죽 농도를 조절해서 다시 시도. 와, 처음보다 낫다. 부서지진 않았다. 하지만 모양이 영 별로다. 겨우 심혈을 기울여 만들어봐야 두 개다. 나오자마자 아이들이 게 눈 감추듯 먹어 치우는 건 말할 것도 없고. 자, 마지막이야, 더는 못해. 한 번만 더 해보자. 기름칠하고, 예열하고, 반죽을 섬세하게 붓고, 겉이 약간 익기를 기다렸다가 속을 넣고, 반죽을 마저 부어 넣고 뚜껑을 꽉 닫는다. 기다린다. 안 익어도, 너무 타서도 안 된다. 적당한 순간에 뚜껑을 열어야 한다. 짠! 오오, 완벽하다. 머리부터 꼬리까지 어디 하나 흠 없는 노릇노릇 붕어빵이다!

완성도 높은 붕어빵을 보며 나보다 더 기뻐한 것은 당연히 아이들이다. 딸이 예쁘게 구워진 붕어빵을 양손으로 들고 눈을 반짝이며 말한다.

"머리부터 먹을까? 꼬리부터 먹을까?"

딸의 문장이 어린 시절 나의 문장과 똑같아 웃지 않을 수 없었다. 머리냐 꼬리냐는 정말 만인의 고민이구나. 그 모습을 보기만 해도 행복해진다. 결국 이 행복감을 잊지 못하고 다시 일을 벌이게 되는 거겠지. 나는 식은 붕어빵 틀을 기계에서 빼서 살살 닦았다.

❗주의사항 틀에 반죽을 넣고 충분히 익을 때까지 기다렸다가 기계를 열어야 해요. 급하게 열면 처참한 광경을 목격하게 됩니다.

어린 시절 학교 앞 분식점에서 파는 와플은 바삭바삭했다. 갓 나온 와플에 한쪽에는 생크림, 다른 한쪽에는 잼을 발라 반으로 접어 먹으면 그렇게 맛있을 수가 없었다. 이 와플은 묽은 반죽으로 만드는 아메리칸 스타일의 와플이다.

버터밀크(200mL의 우유에 레몬즙 1ts를 섞어 몽글해지게 만든다)에 설탕 60g, 소금 약간, 달걀 한 개를 넣어 잘 섞은 뒤, 박력분 180g을 넣고 섞는다. 잘 섞인 반죽에 녹인 버터 60g을 넣어 섞으면 아메리칸 스타일의 바삭한 와플 반죽 완성! 이 반죽을 틀에 부어 넣고 구우면 된다.

반면 리에주식 벨기에 와플은 반죽을 발효한 빵 반죽을 떼서 틀에 넣고 굽기 때문에, 좀 더 쫀득하고 깊은 맛이 난다.

살짝 데운 우유 80g에 드라이이스트 4g을 넣어둔다. 체에 내린 강력분 200g과 설탕, 소금을 섞은 뒤, 실온에 둔 달걀 1개와 드라이이스트를 섞은 우유, 실온에 두어 말랑한 버터를 넣고 날가루가 보이지 않게 반죽한다. 완성된 반죽은 1시간 정도 발효시킨 뒤 8등분으로 나누어 20분가량 2차 발효시킨다. 2차 발효까지 마친 반죽을 1개씩 와플 기계에 넣고 구우면 리에주식 벨기에 와플 완성!

머랭쿠키

흰자가 거품이 되는 순간

머랭 쿠키

가을 무렵, 집 앞 도서관에서 하는 벼룩시장에 갔을 때였다. 예쁜 자수로 장식된 안경집을 하나 샀다. 그것만 있으면 늘 잃어버리는 안경을 잘 보관할 수 있을 것 같았다. (물론 착각이었다! 지금은 안경집과 안경 두 개를 다 챙겨야 하는 처지가 되었다.) 내 물건을 하나 사고 나니 슬그머니 애들한테 미안한 마음이 들었다. 애들 사다 줄 거 없나 둘러보니, 몽글몽글 생크림 같은 것 위에 엄지손가락보다 조금 더 큰 프레첼이 꾹 눌려 있는 것이 한 줄로 예쁘게 포장되어 있었다. 호기심을 이기지 못한 나.

"이게 뭐예요?"

"프레첼 머랭쿠키예요."

"많이 달아요?"

"그렇게 많이 달진 않아요. 사탕보단 나아요."

나는 쿠키가 열댓 개쯤 든 길쭉한 포장 두 봉지를 사면서 혼잣말했다.

"설마 한 번에 다 먹지는 않겠죠?"

내 말에 판매자분은 말없이 애매한 미소를 지었다.

어린이집과 학교에서 돌아온 아이들은 식탁 위 새로운 물건을 바로 알아보았다. 엄마, 먹어도 돼요? 라는 질문에, 내가 무슨 대답을 했던가? 잠깐의 침묵 후 돌아보았을 때는 앗, 빈 봉지뿐.

그 맛난 것의 정체는 머랭쿠키. 아이들이 머랭쿠키는 무엇으로 만드냐고 물어봐서 검색했다. 머랭쿠키는 달걀흰자와 설탕만으로 만드는 것이었다. 거품기와 오븐만 있으면 쉽게 만들 수 있는 것처럼 보였다. 우리 집에도 오븐이 있으니 만들어 먹자며 한바탕 난리가 났다. 워워, 자제하라고. 우리 집에는 거품기가 없단다. 겨우 달래 놓았지만 잊지 않고 한 번씩 머랭쿠키를 만들자고 졸라댔다. 그래서 결국 거품기를 산 것이다.

자, 거품기를 샀다. 그리고 달걀과 설탕이 있다. 이제 만들어볼까, 하고 보니 앗, 저울이 없다. 머랭쿠키를 만들려면, 달걀흰자에 흰자와 같은 무게의 설탕을 넣고 거품기로 저어야 한다. 그런데 저울 없이 달걀흰자가 몇 그램인지 어찌 알며, 그와 동량의 설탕은 어찌 계량한단 말인가. 이러고도 아이들 세끼 밥 먹이며 사는 것이 대견하다. 그러다 문득 신혼 초에 사놓았던 분홍색 아날로그 저울이 생각났다. 나는 싱크대 안을 마구 뒤졌다. 있다, 있어. 하지만 계량할 수 없을 정도로 망가져 있었다. 주마등처럼 떠오르는 장면들. 우리 집 어린이들이 지금보다 더 꼬꼬마였을 때, 내가 설거지하고 있으면 싱크대를 뒤져 냄비 안에 들어가고 뚜껑을 머리에 쓰고 놀던 시절. 이 주방 저울도 장난감으로 멋지게 한몫했지.

누르면 바늘이 움직이기까지 하니 냄비에 비하면야 제법 가지고 놀 만한 장난감이었을 것이다. 그때 말렸어야 했는데, 그래, 내 인생에 저울 쓸 일이 뭐가 있겠어! 하며 자포자기의 심정으로 내버려 둔 덕분에 나는 다시 검색 삼매경에 들어갔다. 저울. 제빵용 저울, 전자저울도 있네! 그래, 이거 사자, 아니 이게 나을까? 아이고, 머리가 터지겠구나.

이틀 후, 저울도 도착했다. 얘들아, 엄마가 머랭쿠키를 만들 거야, 하니 아이들이 몰려왔다. 한 번도 안 써본 거품기를 꺼내 설명서를 읽었다. 거품기 날을 본체에 꽂고 전원을 연결하고, 스위치 온. 후이이이잉. 아, 돌아간다, 돌아가. 2단계. 후후후이이이잉! 와, 정말 세구나. 아이들이 환호성을 지른다.

처음이니까 달걀 하나만. 달걀을 깨서 흰자와 노른자를 분리한다. 그리고 그릇을 저울 위에 올려 영점을 맞추고, 흰자의 무게를 측정한다. 약 30그램. 설탕도 같은 양으로 준비한다. 레시피를 보니, 우선 흰자를 볼에 넣고 어느 정도 거품기를 돌려 맥주 거품 수준의 거품이 나면 그때 설탕을 2~3회에 나누어 넣으라고 되어 있다. 이제 진정 거품기를 사용하는 순간이 오는구나, 떨린다 떨려. 두 아이는 두꺼비가 사는 우물이라도 들여다보는 것처럼 서로 볼 가까이 머리를 못 들이밀어 안달이었다. 아, 조금 비켜봐 봐!

나는 중간 크기의 스테인리스 볼에 달걀흰자를 넣었다. 그리고 야심 차게 거품기를 넣고 스위치를 올렸다. 후이이이이잉. 돌아간다. 어? 근데 뭐지, 이 헛도는 느낌은? 들여다보니 달걀흰자의 양이 너무 적어서 거품기의 끝부분만 겨우 흰자에 닿고 있었다. 이러면 아무 소용이 없잖

아. 나는 거품기를 볼의 바닥으로 더 내렸다. 탁탁 탁탁탁! 그러자 거품기 날이 돌아갈 때마다 볼의 표면에 부딪히며 날카로운 소리를 냈다. 아이고, 이러지도 저러지도 못하는 상황. 날을 들어 올리면 거품기가 흰자에 닿지 않고, 날을 내리면 볼에 부딪친다. 이런. 혹시 설탕을 안 넣어서 그런가? 조급한 마음에 설탕을 훅 다 쏟아 넣는다. 그리고 다시 휘이이이잉. 하지만 결과는 똑같다. 아이씨 안되네. 모양 빠지게 시리. 슬슬 짜증이 난다. 엄마, 왜 안 돼? 엄마 못 해? 우리 머랭 못 먹어? 달걀흰자랑 설탕만 있으면 된다며? 아이들이 앞다투어 물어본다. 불쑥 성질이 난다. 왜 자꾸 말을 시켜. 너희 때문에 정신이 없어서 못 하겠다 라는 말도 안되는 소리가 목구멍으로 올라오려는 걸 꿀꺽 삼켰다.

나는 아이들에게 호기롭게 말했다. 좀 더 해 보자. 휘이이이이잉. 후후후이이이잉. 후우우우후우우앙. 3단계, 4단계, 5단계까지 올려본다. 엄마 탄 냄새가 나. 딸아이 말을 듣고야 나는 후다닥 거품기의 전원을 껐다. 본체가 뜨끈뜨끈했다. 달걀흰자는 그대로다. 실패를 인정할 수밖에 없었다.

곧 남편이 퇴근했고, 나는 저녁을 먹으며 골똘히 생각에 잠겼다. 왜일까? 왜 안되었을까? 분명히 된다고 했는데. 밥을 다 먹고 몇 번의 검색을 더 한 다음에야 몇 가지 포인트를 알게 되었다. 우선 달걀흰자의 양이 너무 적다. 흰자 양이 적더라도 거품기의 날이 충분히 닿을 수 있게, 길쭉한 용기를 사용했으면 좀 나았을 텐데, 하필 넓적한 볼을 이용했으니 거품기의 날이 제대로 달걀흰자를 섞을 수 없었다. 실온 상태의 달걀을 사용하라는 팁도 알게 되었다. 달걀 두 개를 식탁 위에 꺼내고 30분쯤 초조하게 기다렸다. 자, 그러면 다시 시작해 보자.

엄마 다시 할 거야. 구경하러 와! 일단 큰소리부터 쳤다. 실온에 둔 달걀 두 개의 흰자와 노른자를 분리했다. 그리고 흰자 무게만 쟀다. 흰자의 무게는 60그램. 설탕도 60그램 계량했다. 분리한 달걀흰자를 그릇 중에서 가장 작고 오목한 스테인리스 볼에 담았다. 준비 끝. 살포시 거품기를 볼 안에 넣어 보았다. 확실히 아까보다는 더 깊이 잠긴다. 스위치 온. 휘이이이이잉.

1분쯤 돌렸을까? 투명하던 달걀흰자가 뽀얗게 변하며 거품이 올라왔다. 된다. 된다. 이쯤 해서 준비한 설탕의 1/3 정도를 넣는다. 그리고 또 돌린다. 이제는 거품이 흰색으로 확실히 변한다. 하지만 아직은 맥주 거품같이 흐물거린다. 다시 설탕 1/3 투척. 또 기계를 돌리니 이제는 손 세정제의 비누 거품 정도로 단단해졌다. 마지막 1/3을 넣고 초고속으로 20여 초 돌리다가 회전을 멈추고, 살짝 거품기를 들어 올렸다. 뿔이다 뿔! 애들도 환호한다. 각종 레시피에 보면 날을 들어 올렸을 때, 뿔처럼 뾰족하게 서면 완성이라고 했다. 그릇을 뒤집었을 때, 거품이 떨어지지 않는 수준이 되어야 한다고도 했다. 나는 조심스럽게 볼을 뒤집어보았다. 와! 떨어지지 않는다. 성공!

아직은 반밖에 안 왔다. 이제 모양을 짜는 일이 남았다. 나는 지난번 '추로스믹스'에 들어있던 모양 깍지를 비닐에 끼웠다. 그리고 숟가락으로 거품을 비닐 안에 넣는데, 초보자 티 팍팍 내며 여기저기 묻히고 튀고 손에 범벅이 되어, 비닐 안으로 들어간 것은 반 정도이다. 그래도 어찌어찌 비닐에 넣고, 이제 오븐 팬에 짜볼까 하니 유산지가 없다. 하지만 여기서 포기할 수는 없지! 찬장을 뒤지니 고기 구워 먹을 때 바닥에 까는 종이포일이 몇 장 있었다. 나는 포일을 잽싸게 오븐 팬 위에 얹었다. 자, 이제 준비 완료. 한번 짜보자. 오븐 팬과 반죽이 직각이 되게

들고 바닥 가까이에서 꾹 짜고 쑥 들어 올린다. 오호 예쁜 생크림 모양이다. 내가 한 줄을 쏙 쏙 짜 놓고 나니, 아이들이 해 보겠다고 난리다. 나는 간단히 요령을 알려주고 해 보라고 한다. 열 살 딸아이는 손이 야물어 제법 모양을 낸다. 여덟 살 둘째는 맘대로 안된다고 낑낑거리면서도 재미있는 모양을 만든다. 팔 것도 아닌데 모양이 엉망이면 어떤가, 즐거우면 그만이다. 처음에는 나란히 줄지어 짜 놓았지만, 차례대로 다 짜고도 반죽이 남자, 어쩔 수 없이 비어있는 자리를 찾아 반죽을 짜 넣었다. 그야말로 제멋대로 머랭 한 판이 완성. 이제 구워보자.

머랭쿠키는 90도에서 1시간을 굽는다. 낮은 온도에서 오래 굽는 것이다. 우리 집 오븐은 가장 낮은 온도가 100도로 설정되어 있다. 어쩔 수 없이 100도로 설정하여 1시간을 구웠다. 아이들에게 1시간은 정말 길고 긴 시간이다. 아이들은 몇 번이나 남은 시간을 확인하고, 보고 싶으니 딱 한 번만 열어보게 해달라고 졸라댔다.

시간이 다 되었음을 알리는 땡! 하는 소리가 울리자 두 어린이는 득달같이 달려왔다. 나는 천천히 오븐 문을 열었다. 오오오 된 거 같아. 두꺼운 장갑을 끼고 오븐 팬을 꺼낸 뒤 식탁에 올려 잠시 식혔다. 그리고 하나 손으로 톡 떼서 딸에게, 그리고 하나 또 떼어서 아들에게 주었다. 오!

엄마, 맛있어. 아이들 목소리 톤이 한 단계 올라갔다. 정말? 나는 그릇을 가져다가 몇 개씩 담아주었다. 아이들은 사람이 어떻게 이렇게까지 행복해할 수 있을까 싶게 기뻐해 주었다. 그렇게 맛있단 말이야? 나는 커피포트에 물을 올렸다. 카누를 한 팩 뜯어 커피잔엔 넣은 다음 뜨거운 물을 부었다. 나는 내 몫의 머랭쿠키를 아주 예쁜 그릇에 담았다. 그리고 식탁에 앉아 하나 입에 쏙 넣었다. 와자작! 바삭하고 달콤한데 입에서 사르르 녹는다. 와우! 그리고 커피 한 모금. 쌉쌀한 커피 맛이 입안을 가득

채운다. 좋다. 행복하다. 머랭 하나를 입에 더 넣는다. 와작 부서진다. 맛있다. 이걸 내가 만들다니. 내가 생각해도 대단하다. 오늘은 이걸로 충분한 날이다. 나는 나의 기쁨도 머랭처럼 천천히 녹여 먹었다.

❗ 주의사항 머랭쿠키는 굽는 데 시간이 오래 걸린다는 걸 만들기 시작하면서부터 아이들에게 알려주세요. 안 그러면 언제 먹을 수 있는 거야, 라는 말을 백 번쯤 듣게 됩니다.

Tip!

• 반죽을 비닐에 넣기 전 마지막 단계에서 레몬즙을 몇 방울 떨어뜨리면 거품이 단단해져요.

• 식용 색소를 사용하면 머랭에 색을 낼 수 있어요. 이쑤시개로 색소를 조금만 콕 찍어서 반죽에 묻힌 뒤 주걱으로 살살 섞으면 돼요. 식용색소는 색이 진해요. 아주 조금씩 넣어가며 색을 맞추세요.

• 오븐도 개성이 있는지라, 오븐마다 오븐 팬에서 더 많이 구워지는 자리가 있답니다. 그래서 중간에 오븐 팬의 방향을 바꾸어 주면 좀 더 균일하게 구울 수 있어요.

• 오븐에서 막 꺼냈을 때 머랭이 단단하지 않다고 해서 더 굽지 마세요. 식으면서 저절로 굳습니다.

이런 것도 가능해요 : <머랭팝>

조금 특별한 날에는 큰 머랭쿠키를 만들어주면 아이들이 좋아하겠죠? (당연하죠. 설탕인데) 길쭉하게 쭉 짜서 빼빼로처럼 만들기만 해도 아이들은 무척 좋아해요. 좀 더 재미있는 방법은 집에서 하드를 먹고 난 나무 막대기를 잘 씻어서 말려 놓았다가, 나무 막대기를 팬 위에 올리고 그 위에 주먹만 하게 반죽을 짜서, 커다란 막대사탕으로 만드는 것이죠. 아이들이 직접 원하는 모양으로 반죽을 짤 수도 있고요. 주의할 것은 반죽이 너무 두툼해지지 않도록 조심해야 해요. 너무 크고 두꺼우면 안까지 바싹 구워지지 않아 속은 눅눅해질 수 있거든요.

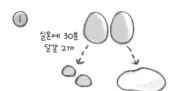

① 실온에 30분
달걀 2개

흰자와 노른자를 분리한다.
(노른자는 쓰지 않는다.)

② 흰자   설탕

흰자와 같은 양의 설탕을
준비한다.

③ 1/3

볼에서 흰자가 맥주 거품 정도가 될 때까지
젓는다. (전동거품기를 사용하면 편하다.)
정해진 설탕 분량의 1/3을 넣는다.

④ 뾰족하면
완성!

거품이 촘촘해질 때까지 젓다가
다시 설탕 1/3을 넣는다.
2~3분 정도 거품기를 돌린 후
마지막 설탕을 넣는다.

⑤ 식용색소
추가

깍지를 끼운 짤주머니에 반죽을
넣고 새지 않도록 끝부분을
고무줄로 묶는다.

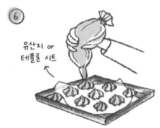

⑥ 유산지 or
테플론 시트

짤주머니를 직각으로 세워
바닥에 바싹 붙여 반죽을 꾹 짜고
쏙 들어 올린다.

⑦

90도로 예열한 오븐에서 1시간 동안 천천히
굽는다. 다 구워진 후에는 꺼내 식힌 후
바닥에서 떼 내면 완성!

계
란
과
자

04

너는 그런 걸 다 어떻게 아는 거니

계 란 과 자

머랭의 성공은 나를 새로운 세계로 인도했다. 나는 이틀 연속 머랭쿠키를 구웠다. 처음에는 완성에 급급했는데, 두 번째부턴 모양도 신경을 썼다. 왼손으로 짤주머니의 아랫부분을 받치고 오른손으로 짤주머니에 빵빵하게 들어있는 머랭 반죽을 원하는 만큼 꾹 짜서 예쁜 모양이 나올 때, 오븐 팬 위에 가지런히 줄지어 있는 반죽을 바라볼 때, 근육과 눈이 느끼는 섬세한 기쁨을 알게 된 것이다!

그 기쁨의 대가로 노른자가 쌓여갔다. 머랭쿠키를 만들 때 흰자만 사용하다 보니 노른자만 남는 것이었다. 우리가 먹던 한살림 유정란으로 계산하면 달걀 한 알은 약 400원. 밀폐 용기에 넣어놓은 다섯 개의 노른자가, 냉장고 문을 열 때마다 말을 걸었다. 나 빨리 써. 상하면 엄청 속쓰릴 거야. 도대체 달걀노른자만 가지고 무얼 할 수 있단 말인가. 내가 노른자만 남아서 어쩌지? 라고 혼잣말을 하자, 열 살 딸이 뭘 그런 걸 고민하냐는 듯 가볍게 대답했다.

"계란과자 만들어! 머랭 만들고 남은 노른자로 계란과자 만들면 되는 거야."

헉, 얘는 왜 이렇게 똑똑한 걸까? 너는 그런 걸 다 어떻게 아는 거니? 무림의 고수와 한집에 산다면 이런 기분일까? 그래도 나는 엄마, 너는 딸. 너무 납작 엎드려서야 쓰나. 나는 마치 알고 있었다는 듯 대답했다.

"그렇지. 맞아. 남은 노른자로는 계란과자를 만들면 되지. 엄마가 깜박했다. 근데 넌 그걸 어디서 알았어?"

"개똥이네 보면 다 나와."

딸아이는 매월 받아보는 어린이 잡지 이름을 댔다. 너도 너만의 정보 습득 루트가 있구나. 그 책 요리 코너에서 이것저것 만드는 게 나온다는 이야기를 쫑알쫑알 들려주었던 것도 떠오른다. 딸은 당장이라도 계란과자를 만드는 페이지를 찾아 나에게 강습할 분위기다. 워워, 조금만 참아줘. 네가 개똥이네라면, 나는 네이버지. 남은 노른자로 할 수 있는 베이킹으로는 계란과자, 커스터드 크림, 카스텔라 등이 있었다. 지금 실력으로는 계란과자가 가장 적당하구나. 그런데 계란과자를 만들려면 버터가 필요하다. 버터라니. 평소에 잘 쓰지 않는 식재료라 집에 없다. 사는 것이 영 내키지도 않는다. 하지만 하기로 했으니 해 보자.

마트에 가서 베이킹에 쓸 수 있는 무염 버터를 찾으니, 세상에 450g짜리 한 팩이 만 원이다. 달걀노른자 다섯 알이 아까워서 만 원짜리 버터를 사다니……. 그러나 새로운 세상을 만나려면, 약간의 투자는 필요한

법. 나는 손을 달달 떨며 버터를 샀다.

　집에 돌아오자마자 계량하고 반죽을 시작했다. 다 된 반죽을 동그랗게 짤 때는 역시 어린이들이 몰려와 서로 먼저 해 보겠다고 외쳤기 때문에, 번갈아 가며 오븐 팬에 반죽을 짜보게 해주었다. 모양 깍지도 없이 비닐 끝에 구멍만 뚫어 번갈아 가며 동그랗게 모양을 만들었다. 겨우 반죽을 짜는 것뿐인데, 이게 그렇게 신날 일인가 싶게 어린이들은 신이 났다. 너무 크거나 작거나 모양이 독특하게 만들어지면, 그건 자기 거라고 꼭 본인이 먹겠다고 소유권도 주장한다. 줏대 없는 나는 옆 사람이 기뻐하면 덩달아 기분이 좋아지는지라, 완성 전에 이미 행복해졌다.

　계란과자는 오븐에 넣고 굽는 시간이 짧아 어린이들에게 딱 맞다. 다만 구워지며 반죽이 퍼져버려 시판 계란과자의 예쁜 모양에 대한 기대는 깨지고 말았다. 하지만 퍼진 반죽이 서로 붙어 눈사람 모양이 되면서 어린이들에게 또 다른 기쁨을 주었다. 모양은 시원치 않지만, 맛은 파는 계란과자보다 훨씬 맛있었다. 따듯하고 고소했다. 이빨로 살짝 깨물면 톡 하고 부서지며 촉촉하게 사르르 녹는다. 우유랑 같이 먹으니 그야말로 천국의 맛. 딸아이의 혼잣말이 들린다.

　"맛있어. 남은 노른자는 역시 계란과자지."

　마치 백 번쯤 만들어 먹어 본 사람 같은 말투에 웃음이 난다. 어린이 잡지가 있어 다행이다. 책으로 보았던 걸 현실에서 경험하는 것은 얼마나 큰 기쁨인가. 책과 삶이 섞이는 것, 나는 그것이 최고의 독서라고 믿는다. 다만, 너무 난이도 높은 요리를 하자고 조르지 말기를.

❗주의사항 구워지면서 원래 짜놓은 모양보다 크게 퍼지는 편이니 간격을 어느 정도 두고 반죽을 짜세요. 너무 가까우면 다 달라붙어 버립니다.

①

버터 70g

100g
박력분

&

달걀노른자

40g 설탕

버터 70g과 달걀노른자 60g(약 3개)을
실온에 30분 정도 둔다. 설탕 40g을
계량하고, 박력분은 100g 체 쳐서 준비한다.
설탕은 기호에 맞게 가감한다.

②

살살!

말랑해진 버터를 거품기나 스패출러로
살살 풀어 크림처럼 만든다.

③

설탕

크림화 된 버터에 설탕을 넣고
잘 섞는다.

④

실온 달걀노른자로
2~3번에 나누어

달걀노른자를 두세 번에 나누어 넣는다.
달걀이 너무 차가우면 반죽과 잘 섞이지
않으니 실온에 두었다가 사용한다.

⑤

박력분

채 친 박력분 100g을 넣고 잘 섞는다.

⑥

↓↓
솟아오른 부분
→ 물 묻혀 살짝!

잘 섞은 반죽을 짤주머니에 넣고 동전 크기로 짠다.
좀 볼록하다 싶어도 구워지면서 저절로 반죽이
퍼진다. 반죽을 짜면서 꼬리처럼 솟아오른
부분은 손가락에 물을 묻혀 살짝 누른다.

⑦

160도에서 10~15분간 굽는다.
(오븐마다 사양이 다르니, 중간중간 확인한다.)

밸런타인데이

초콜릿

05

다시는 만들고 싶지 않습니다

밸런타인데이 초콜릿

중국 우한에서 시작되었다고 했다. 처음 들어보는 곳이었다. 폐렴이라는데, 전염성이 높았다. 처음에는 중국 내에서 퍼지더니 1월 말이 되자 국내에도 200명의 확진자가 생겼다. 급기야는 우리 동네에서도 확진자가 나왔다. 밝혀진 동선은 아이가 다니는 어린이집 주변이었다. 등골이 서늘했다. 겨울방학을 맞이해 잡았던 약속들을 모두 취소했다. 아이들이 손꼽아 기다리던 파충류 박물관도, 가까운 곳에 있지만 보기만 하고 들어가 보지 못했던 방 탈출 체험장도, 우리 동네로 놀러 와 같이 롤러스케이트를 타기로 한 또래 친구와의 약속도 모두 취소. 타미플루를 먹고 독감에서 겨우 벗어난 지 보름쯤 지났을 때였다. 무서웠다. 우리는 겁먹은 생쥐처럼 집 밖으로 나가지 못했다. 아이들도 나도 의기소침해졌다.

그렇게 두려움에 떨며 하루하루를 보내던 2월의 어느 밤이었다. 남편과 아들은 자고, 딸과 나만 늦도록 깨어 있었다. 나는 마트에 가기도 무서워 생필품을 주문하려고 핸드폰으로 인터넷 쇼핑을 하고 있었다. 그런데 만화책을 보던 딸이 내게 찰싹 달라붙어 같이 핸드폰을 들여다보기 시작했다. 이것저것 검색하던 중, 딸이 눈을 반짝이며 말했다. 엄마 위로 좀 올려봐.

딸아이가 발견한 것은 초콜릿 만들기 세트였다. 그러고 보니 곧 밸런타인데이였다. 시즌을 맞이해 다양한 만들기 세트 상품이 업로드되어 있었다. 휴지나 세제, 참치 같은 물건을 사재기해 놓아야 하는 건가, 착잡한 마음으로 쇼핑몰을 검색하던 나는 초콜릿 만들기 세트의 다양함과 먹음직스러움에 완전히 빠져들며 잠시 현실을 잊었다. 엄마, 이거 예쁘다. 어때? 응. 근데 만들지 어렵지 않을까? 아니야. 우리는 할 수 있어. 이것도 예쁘다. 어떻게 만드는지 설명서 봐봐. 몇 개 들어있어? 사람들 리뷰 쓴 거 봐봐. 뭐래? 괜찮대? 그 순간 우리는 엄마와 딸이라기보다는 고등학생 친구 수준으로 평등하고 진솔한 소통을 했다. 오랜 토론 끝에 우리는 동물 모양과 아이스크림 모양 이렇게 두 개의 초콜릿 만들기 세트를 주문했다. 주문 버튼을 누르면서부터 딸은 설레했다. 아빠한테 깜짝 선물로 줘야 하는데. 택배 상자를 어떻게 숨기지? 아빠가 좋아하실까? 배송이 너무 늦게 오면 안 되는데.

이틀 후 배송이 왔다. 배송 상자가 도착하면서부터 만들자고 난리 치는 녀석들을 겨우 달랬다. 점심 먹고 쉬었다가 4시쯤 시작하면 두 시간이면 끝날 것이다. 남편이 지방으로 출장을 간 날이었다. 8시 반 정도면 도착한다고 했으니, 완성된 초콜릿은 냉장고에 넣어놓고 아이들과 밥 먹고 기다리면 될 것이었다.

자, 이제 4시. 우리는 택배 상자를 열었다. 세트 상품에는 초콜릿을 녹여 짜 넣은 뒤 굳힐 몰드와 색깔별 초콜릿, 데코펜, 꾸미기용 스프링클과 속 재료인 견과류 그리고 포장용 상자 등이 들어있었다. 사실 초콜릿 만드는 것처럼 간단한 게 어디 있을까? 굽는 것도 아니고 볶는 것도 아니다. 간을 할 필요도 없다. 오직 녹인 초콜릿을 틀에 부어 넣기만 하면 되는 것이다. 그러나 현실은 그렇지 않았다.

문제는 시간이었다. 녹여 놓은 초콜릿은 시간이 지나면 굳는다. 굳기 전에 빨리 만들어야 하는데, 어린이들에게는 쉬운 일이 아니다. 그러니 끝도 없이 초콜릿을 다시 녹여야 하는 것이다. 그리하여, 동물 얼굴 모양을 만들고, 뒤통수를 만들고, 두 개를 붙여 동그란 완성품 서너 개를 만드는데 만 해도 30분이 걸렸다. 수시로 엄마의 도움이 필요한 것은 말할 것도 없다. 심지어 모자를 따로 만들어 붙인다든지, 토끼의 수염을 그린다든지 하는 난이도 높은 일을 하다 보면 시간이 훌쩍 흘렀다. 아이들이 반쯤 완성했을 때, 그러니까 딸은 동물을 여덟 개쯤 만들고 아들은 하드 모양 아이스크림을 열 개쯤 만들었을 때 나는 완전히 지쳤다. 아이들에게 선언했다. 자, 여기까지만 하자. 너희들이 각자 만든 걸 한 상자에 넣어 아빠께 선물로 드리자!

곧바로 아이들의 반격이 시작되었다. 말도 안 된다. 절대 여기서 끝낼 수 없다는 것이다. 딸은 포장 상자에 초콜릿이 16개가 들어있으니 반드시 16개를 다 만들어야 한다는 의견이었다. 반박할 수 없는 논리였다.

아, 난 너무 힘든데. 하지만 파충류 박물관
도, 방 탈출도 롤러스케이트도 포기할 수밖
에 없었던 아이들에게 초콜릿까지 멈추라
고 할 수는 없었다. 그러게 왜 이걸 샀어?
왜 애 앞에서 인터넷 쇼핑을 해서 이 사단
을 만들어? 왜 매번 후회하면서 일을 벌여?
왜 나이를 먹어도 철이 안 들어? 아이들을
미워할 수 없으니, 나는 잠깐 나를 원망했다. 하지만 원망하고 있을 시간
도 부족했다. 나는 굳은 초콜릿을 녹여줘야 했으니까.

맘대로 안되면 짜증도 부리고, 서로의 재료를 탐내며 눈치싸움도 하
고, 망친 건 좀 집어먹기도 하면서 진행한 여덟 살, 열 살 어린이의 초콜
릿 만들기 행사는 택배 상자 여는 것에서 시작해서 포장을 마쳐 냉장고
에 넣는 것까지, 4시에 시작해 9시에 끝났다. 다섯 시간에 걸친 대형 프
로젝트였던 셈이다. 두 시간이면 가볍게 완성할 줄 알았던 내가 멍청했
던 거다. 세상에 다섯 시간을 꼬박 앉아 초콜릿을 만들다니. 어린이들의
열정에 감탄하지 않을 수 없었다.

포장 상자에 가지런히 넣어놓고 나서야 아이들은 정말 말할 수 없이
뿌듯해했다. 8시 반쯤 도착한다던 아빠가 길이 막혀 9시가 넘어 도착한
것도 다행스런 일이었다. 짠, 하고 완성된 선물을 줄 수 있었으니까. 하
지만 말이 선물이지, 이건 먹어도 되고 이건 안 되고, 이건 나중에 먹어
야 하고, 제약이 많았다. 그리고 마음에 드냐고 예쁘냐고 너무 잘 만들지
않았느냐고 물어보면 끝도 없이 칭찬해야 했다.

사실 나는 다리가 퉁퉁 부었다. 다섯 시간 내내 거의 서 있었으니까. 초콜릿은 중탕으로 녹이며 물이 조금이라도 들어가서는 안 되고, 색깔별로 따로 녹여 섞이지 않게 해야 한다. 데코펜은 굳으면 끓는 물에 넣어주어야 하는데, 초콜릿이 나오는 구멍이 막힐 때마다 뾰족한 것으로 뚫어주는 것도 내 일이다. 4인용 식탁이 간신히 들어가는 작은 부엌에서 나는 아이들이 앉아 초콜릿을 만드는 식탁과 가스레인지, 개수대와 냉장고 사이를 다섯 시간 동안 종종거리며 오간 것이다.

그렇게 힘들었지만 그래도 아이들이 좋아했기 때문에 행복했다, 라는 말을 하고 싶은 건 아니다. 신기하게도 다음날 일어났을 때 다리는 욱신거렸지만 머리는 개운한 느낌이었는데, 적어도 아이들과 초콜릿을 만드는 그 다섯 시간 동안은 망할 바이러스 생각을 까맣게 잊고 오직 초콜릿에만 온 정신을 쏟았기 때문이리라.

밸런타인데이라고 초콜릿을, 화이트데이라고 사탕을 파는 상술을 좋아하지는 않지만, 어떤 순간에는 이런 얄팍한 기념일에 기대어서 기쁨을 수혈받아야 하는 순간도 있는 거니까. 아이들은 몇 번이나 냉장고에서 자기가 만든 초콜릿을 다시 꺼내어 보며 기쁨을 되새긴다. 그 기쁨, 아마도 초콜릿만큼 달콤할 것이다. 그거면 되었다.

만들기 세트로 나온 초콜릿은 솔직히 맛이 없어요. 마음 같아서는 생크림을 듬뿍 넣은 말랑하고 쫀득한 파베 초콜릿을 만들고 싶지만, 그건 그냥 심심한 네모 모양. 애들이 좋아할 리 없죠. 아이들이 사랑하는 것은 재미있는 모양과 직접 하는 장식. 맛을 선택할 것인가, 아이들에게 직접 만들어 보는 기쁨을 주는 것을 선택할 것인가는 각자의 몫!

커버춰 VS 코팅

시중에서 판매하는 초콜릿 재료는 크게 두 가지로 나눌 수 있다. 커버춰 초콜릿과 코팅 초콜릿(준초콜릿). 커버춰 초콜릿은 코코아 고형분이 35% 이상(코코아 버터 18% 이상) 함유된 것으로 고급 초콜릿에 주로 쓰인다. 코팅 초콜릿은 코코아 고형분 7% 이상인 것으로 코팅용이나 장식용으로 주로 쓰인다. 물론 커버춰 초콜릿이 코팅 초콜릿보다 더 비싸다.

또 한 가지 다른 점은, 커버춰 초콜릿은 '템퍼링' 과정을 거쳐야 블룸 현상(초콜릿의 표면이 하얗게 변하는 현상) 없이 매끈하고 단단하게 굳게 된다는 것. '템퍼링'이란 초콜릿을 녹이는 과정에서 일정 온도를 인위적으로 맞추어 주는 과정을 뜻한다.

예를 들어 다크 커버춰 초콜릿을 템퍼링한다고 하면, ① 초콜릿을 녹이며 40~45도가 될 때까지 온도를 높인다. ② 얼음이 든 볼에 중탕으로 담가 27도로 온도를 낮춘다. ③ 다시 32도로 온도를 높인다. 이렇게 세 단계를 거쳐 템퍼링한 커버춰 초콜릿을 짤주머니에 넣어 짜서 굳혀야만, 단단하고 매끈한 초콜릿을 만들 수 있다. 이러한 템퍼링 과정은 초콜릿을 매끈하고 단단하게 만들기 위한 것이기 때문에, 파베 초콜릿이나 초코브라우니 처럼 말랑한 결과물을 만들 때는 굳이 할 필요가 없다.

코팅 초콜릿은 번거로운 템퍼링 과정 없이도 녹여서 원하는 모양으로 굳히기만 하면 된다. 손쉽게 사용할 수 있지만, 풍부한 맛은 커버춰 초콜릿만 못하다.

생
크
림
케
이
크

손꼽아 기다렸어요

생 크 림 케 이 크

초콜릿 만들기가 준 기쁨의 힘은 컸다. 금방 다 먹어 치울 거란 내 생각은 틀렸다. 초콜릿들은 냉장고에 들어갔다 나오기를 반복하며 아이들에게 기쁨의 시간을 되새기게 했다. 행복한 순간을 소중하게 기억한다는 것은 멋지고도 위험한 일이다. 그럴 때 기쁨은 추억의 대상도 되지만 추구의 대상이 되기도 한다. 나는 해맑은 표정으로 '엄마, 이제 우리 뭐 만들어 먹을까?'라고 묻는 어린이들을 매일 마주해야 하는 처지가 되었다. 대체 뭘 또 만들어야 한단 말인가, 라고 생각하니 저절로 피곤해졌다. 하지만 기쁨을 기억하고 또 기쁨을 기다리는 것, 그것이 인생의 모든 것 아닐까? 라는 낭만적인 생각이 피곤함을 이겼다. 그리고 그런 낭만의 정점에는 역시 케이크가 있지.

그럼 우리 생크림 케이크 만들자, 라고 아이들에게 이야기하면서, 나는 좀 영리해지자고 다짐했다. 자, 잘 들어. 당장은 못 만들어. 일단 어떻게 만들지 조사해야 하고, 필요한 물건들을 주문해야 하거든. 어디 보자, 다음 주 수요일에 만들자. 그때까지는 조르지 말고 기다리는 거야. 알았지? 아이들은 *끄덕끄덕*했다. 일주일은 벌었다고 생각하며 나는 잠시 숨을 돌렸다. 하지만 역시 나의 착각이었다. 다음날부터 질문 공세가 시작되었다. 엄마, 만드는 방법은 알아봤어? 물건은 주문했어? 언제 도착한대? 수요일까지는 며칠 남았어? 몇 밤 더 자야 해? 내일이야, 아니야? 으악! 아이들의 끝없는 물음에 영혼 없이 대꾸하면서도 나는 진정 궁금했다. 이게 이토록 간절하게 기다릴만한 일이야?

며칠 후 주문한 물건이 도착했다. 케이크 시트 위에 생크림을 얹은 뒤 매끈하게 모양을 낼 수 있게 해주는 도구인 돌림판과 스패출러였다. 돌림판은 도예용 물레처럼 생겼다. 식탁 위에 올려놓고 윗부분을 살살 돌리면 뱅뱅 돌아간다. 스패출러는 커다란 아이스크림 막대기같이 생겼는데, 손잡이 부분은 플라스틱, 생크림을 다듬을 부분은 매끈한 스테인리스 스틸로 되어 있다. 길쭉한 일자 모양의 스패출러와 손잡이 앞부분이 한번 구부러진 ㄴ 모양 두 가지였다. 도구들의 등장만으로도 아이들을 흥분했다. 일단 도구들을 안 보이는 곳에 치웠다.

이제 만드는 방법을 고민할 차례. 생크림 케이크의 스펀지 케이크 시트는 프랑스어로 '제누와즈'라고도 부른다. 제누와즈의 폭신함은 달걀 거품에서 나온다. 방법은 두 가지. 흰자와 노른자를 분리해서 거품을 내는 별립법과, 흰자와 노른자를 같이 섞어 만드는 공립법. 흰자와 노른자를 분리한다는 건 한 단계가 더 있다는 뜻. 나 같은 초보는 어떻게든 간단한 게 좋다. 나는 공립법으로 제누와즈를 만들고, 생크림 장식을 하기로 마음먹었다. 몇 개의 유튜브 영상을 보면서 마음속으로 몇 번이나 제누와즈를 만들었다. 화요일 밤 잠자리에서 아이들은 다시 한번 확인했다. 엄마, 내일 생크림 케이크 만들기로 한 거 안 잊어버렸지? 그럼, 당연하지. 매일 물어봤잖아. 어떻게 잊어버려. 사실 아이들만큼이나 나도 설렜다. 기다리는 것이 있다는 것은 이런 기분이구나, 싶었다. 그러나 난 어린이가 아니었으므로 한편 두려웠다. 망치면 어쩌지?

다음 날 아침, 나는 6시도 되기 전에 일어났다. 아무래도 아이들과 함께 제누와즈를 만드는 건 무리가 있다. 케이크 시트는 집중해서 혼자 만들자. 혹시 망치면 애들이 깨기 전에 아무 일도 없었던 듯 다시 하면 된다. 그리고 완성된 시트에 장식을 하는 것만 아이들이 직접 하게 해야지. 나는 주먹을 불끈 쥐었다. 해 보자. 나는 아이들이 깨지 않게 가만가만 냉장고와 싱크대를 열어 재료를 꺼냈다. 달걀, 박력분, 설탕, 우유, 버터. 레시피대로 달걀을 풀고 거품을 내고, 설탕을 넣고 우유, 버터도 넣는다. 마지막으로 박력분을 넣고 섞으면 반죽 완성.

재료를 준비하고 반죽을 틀에 담아 오븐에 넣는 데까지 20분이면 충분했다. 오븐에 들어간 반죽이 구워지기를 기다리는 동안 나는 속이 울렁거릴 만큼 조마조마했다. 잘 될까? 망치진 않았을까? 2분쯤 남았을 때, 방문 열리는 소리가 났다. 첫째였다. 나오자마자 하는 말. 엄마, 오늘 생크림 케이크… 우와! 맛있는 냄새다! 우리는 오븐에 달라붙어 완성을 기다렸다. 땡! 소리가 나고, 오븐을 열었다. 동그랗게 가운데가 봉긋 솟은 반죽은 맛있는 갈색으로 적당히 구워져 있었다. 갈라진 곳 하나 없이

1

멋도 모르고 시작했다

매끈했다. 나는 두툼한 주방 장갑을 끼고 팬을 꺼내 식탁 위에 올렸다. 그리고 젓가락을 반죽에 쿡 찔렀다가 뺐다. 아무것도 묻어나지 않았다. 나는 팬에서 반죽을 꺼낸 뒤 살살 유산지를 떼어냈다. 성공! 동그랗고 예쁜 제누와즈가 완성되었다. 진심으로 기뻤다. 잠시 후 둘째도 잠에서 깨 부엌으로 왔다. 제누와즈도 적당히 식었겠다, 이제 생크림 장식을 할 차례다. 액체 생크림을 휘핑해서 볼 가득 크림 상태로 만들었다. 이제 생크림을 빵에 바를 차례.

　왼손으로 돌림판을 돌리고, 오른손으로 스패출러를 잡고 모양을 낸다, 는 문장은 단순해 보이지만, 실제로는 무척 어려웠다. 유튜브에서 영상으로 볼 때는 아무것도 아닌 듯 보였지만, 그렇지 않았다. 이쪽을 매끈하게 하면 저쪽이 보기 싫고, 저쪽을 다듬다가 힘을 조금만 주면 금방 또 자국이 생겼다. 내가 하는 것이 답답했는지 급기야 딸이 나섰다. 엄마, 그게 그렇게 안 돼? 줘 봐. 내가 좀 해볼게. 엄마도 안 되는데 네가 한다고 되겠어? 라는 말이 절로 나오려고 했지만 꾹 참았다. 나도 영상만 봤을 때는 쉬운 줄 알았으니까. 나는 말없이 스패출러를 넘겼다. 딸은 몇 번 해 보더니 생각보다 어렵다며 웃는다. 나도 웃는다. 우리는 완벽하고 매끈한 생크림의 표면을 포기하고 적당한 선에서 다듬기를 멈추었다. 색깔이 있는 생크림으로 장식을 하고 싶다면 생크림 일부에 색소를 조금 넣어 원하는 색을 만든 뒤, 짤주머니에 넣고 짜서 원하는 모양을 내면 된다. 파란색을 사랑하는 딸의 바람에 따라 우리는 파란색 생크림으로 장식했다. 은은하고 고급스러운 하늘색 생크림이 되기를 바랐지만, 양 조절에 실패해서 크레파스 하늘색이 되고 말았다. 케이크는 하나인데 서로 꾸미고 싶어 난리가 나서 케이크를 두 구역으로 나누어 반은 첫째가, 반은 둘째가 하게 해 주었다. 파란색 생크림을 짜서 곳곳을 꾸민 아이들은 지난번에 만든 냉장고 속 초콜릿을 꺼내더니 케이크의 자기구역 위에 예쁘게 올려놓았다. 이제 진짜 완성! 어느새 12시. 점심 먹을 시간이었다.

배고플 시간이었지만 아이들은 케이크를 먹지 않았다. 아빠에게 완성품을 보여주어야 한다고 했다. 케이크는 저녁때까지 그대로 있었다. 생크림의 달콤함만큼이나 아빠에게 받을 폭풍 칭찬도 아이들에게는 소중하니까. 그렇게 우리의 첫 번째 케이크 베이킹이 끝났다.

❗ 주의사항 생크림은 차가운 상태에 보관해야 해요. 거품기로 크림을 올릴 때도 얼음물을 밑에 받치고 하면 훨씬 잘 되지요. 쓰고 남은 생크림은 되도록 빨리 쓰는 게 좋아요. 오래 보관해야 할 상황이라면 얼음 트레이 같은 곳에 냉동 보관했다가 필요한 양만큼 녹여 쓰면 돼요. 냉장실에 보관할 때도 홈바처럼 자주 여닫아 온도가 변할 수 있는 곳보다는 냉장고 가장 안쪽에 마개를 잘 닫아 보관해 주세요. 저는 홈바에 며칠 보관했던 생크림으로 거품을 내려다 완전히 실패한 경험이 있어요.

케이크 시트는 인터넷에서 냉동 상태로도 판다. 냉동 케이크 시트를 실온에 1시간 정도 놓아두면 말랑말랑한 상태가 되는데, 그대로 빵 사이에 재료를 넣고 장식하면 근사한 케이크를 만들 수 있다. 케이크를 직접 만들어 보고 싶지만, 제누와즈를 굽는 것이 부담스러울 때는 시판 케이크 시트를 사용하면 된다.

제누와즈 만들기

①

우유 30mL 설탕 90g 박력분 90g
달걀 3개 버터 30g

달걀 3개, 박력분 90g, 설탕 90g,
우유 30mL, 버터 30g을 준비한다.

②

설탕 넣고
다시 섞기

달걀을 볼에 넣고 전동 거품기로 젓는다.
노른자와 흰자가 충분히 섞였으면
설탕을 넣고 다시 섞는다.

③

중탕

볼을 중탕해서 내용물을 조금 데워준 후
거품기로 저으면 조금 더
거품이 잘 올라온다.

④

전자레인지
or 중탕

버터와 우유를 한곳에 담고 데운다.
(전자레인지 or 중탕) 너무 뜨겁지
않게 버터가 녹을 정도로만 녹인다.

⑤

1국자

3의 반죽을 한 국자 정도만 옮겨 담아
잘 섞는다. (뜨거운 반죽이 바로 들어갔을 때
반죽의 일부가 익거나 거품이 꺼지는 것을
막기 위해서이다.)

⑥

남은 반죽을 모두 넣고 잘 섞는다.

⑦

박력분

위로
퍼 올리듯
섞기

잘 섞인 반죽에 채 쳐놓은 박력분을 넣고
아래로부터 위로 퍼 올리듯 잘 섞어준다.

⑧

2호 2/3

유산지를 깔아놓은 2호 원형틀에 반죽을
붓는다. 높은 곳에서 천천히 반죽을
떨어트려 2/3 정도 채운다.

반죽을 젓가락으로
살살 저어 기포를 정리한다.

180도로 예열된 오븐에 20분 정도 굽는다.
상태를 보며 시간을 조절한다. (젓가락으로
쿡 찔렀다가 빼냈을 때 반죽이 묻어
나오지 않으면 다 익은 것이다.)

생크림 데코하기

10:1

차가운 액체 상태 생크림에 설탕을 넣고
휘핑을 해서 단단한 생크림 거품을
만든다. 생크림과 설탕의 비율은 10:1
정도를 기본으로 취향에 맞게 가감한다.

생크림

완전히 식은 빵을 가로로 한 번 혹은
두 번 슬라이스해서 사이사이에
생크림을 바른다.

고정용
생크림

빵을 고정하기 위해 돌림판 가운데에
생크림을 조금 바른 뒤 준비된
제누와즈를 올려놓는다.

윗부분과 옆 부분에 생크림을 펴 바른다.
왼손으로 돌림판을 돌리고 오른손으로는
스패출러를 사용해 매끈하게 다듬어
케이크 모양을 만든다.

마
들
렌

07

틀이 필요합니다

마 들 렌

이 무렵 나는 근처 제과 제빵 재료점을 어슬렁거리기 시작했다. 웬만한 물건은 다 인터넷으로 살 수 있었지만, 그래도 눈으로 보고 싶었다. 동네에 있는 작은 재료상은 주로 인터넷으로 물건을 파는 곳이었지만, 필요하다면 영업시간 내에 방문해 매장에서도 살 수 있다. 나는 토요일 오전이면 종종 마스크로 무장하고 재료상에 갔다. 사람은 제법 많았다. 아내 심부름을 온 것 같은 아저씨는 포스트잇에 적어온 재료를 기계적으로 찾아 장바구니에 담고 바로 계산한 뒤 휘리릭 사라진다. 주인아저씨와 한참 이야기를 나누며 특정 재료에 대해 하나하나 물어보는 사람도 있다. 어디에 쓰는 건지 내가 상상할 수 없는 양을 사 가는 사람을 볼 때면, 저기 뭐 하시는 분인가요? 라고 묻고 싶은 걸 꾹 참아야 했다.

재료상을 몇 차례 둘러보며 깨달은 건 제품은 소비자의 상상력보다 더 앞서간다는 것. 색소와 천연 가루, 무스 틀과 링, 각종 가루. 치즈와 버터, 생크림, 각종 장식용 도구들. 포장용 상자와 컵들. 상상할 수 있는, 아니 상상해 본 적도 없는 온갖 물건이 있었다. 나는 큰맘 먹고, 짤주머니와 거기에 끼울 깍지 세트(다양한 모양으로 생크림을 짜고 싶었다), 이스트와 베이킹소다(언젠가는 부풀어 오르는 빵을 만들 것만 같았다)를 장바구니에 넣었다. 그러고도 뭔가 아쉬웠다. 나는 각종 빵틀이 쌓여있는 곳 앞에서 한동안 서 있었다. 예쁜 모양의 빵을 만들고 싶었다. 작고 귀엽고 아이들이 좋아할 만한, 하지만 간단하게 만들 수 있는. 그때 마들렌 틀이 눈에 들어왔다.

카페에 가면 아이들은 투명한 비닐에 낱개로 포장된 작은 빵들을 꼭 먹고 싶어 했다. 생각해 보면, 나도 작고 사랑스러운 것들에 늘 마음을 빼앗겼다. 아이들은 조개 무늬가 선명한 마들렌과 길쭉한 직사각형 모양의 휘낭시에 사이에서 고민하다가 결국은 마들렌을 집어 든다. 아무래도 조개 모양이 더 예쁜 것이다. 그렇게 카페에서 가끔 사 먹던 것이 부엌 오븐에서 나온다면, 아이들은 좋아할 게 분명하다. 반죽을 만들어 짜 넣고 굽기만 하면 되니 생크림케이크나 초콜릿을 만드는 만큼 힘들지 않을 것이다.

다음 날 아침 일찍, 나는 마들렌 만들기를 시작했다. 반죽의 비율은 박력분 : 설탕 : 버터 : 달걀 = 1:1:1:1. 외우기도 쉽다. 나는 재료를 각각 100g씩 준비했다. 그리고 레몬즙과 약간의 소금, 베이킹파우더 2g이면 재료 준비 완료. (원래 마들렌에서 나는 향긋한 레몬 향은 레몬의 노란 껍질 부분을 소금으로 잘 닦은 후 잘게 다져 설탕에 재운 후 넣는 것이다. 레몬을 구하지 못한지라, 나는 레몬즙을 사용했다. 만약 레몬청이 있다면 사용해도 좋다.)

　제누와즈를 만들며 익숙해진 것인지, 별로 어렵지 않았다. 그래도 준비부터 완성까지 (반죽을 휴지하는 1시간을 포함해) 꼬박 3시간. 완성해서 식힌 마들렌을 그릇에 다 담고 나서야 가족들이 일어나 부엌으로 나왔다. 아이들이 이건 웬 횡재냐는 표정으로 우유와 함께 먹기 시작했다. 나도 한입 베어 물었다. 레몬즙이 부족했던 건지, 진짜 레몬 껍질을 사용하지 않은 것의 한계인지, 레몬의 향긋함이 충분하지 않은 것이 아쉬웠다. 하지만 고소한 버터 향과 촉촉하고 부드러운 식감이 3시간의 노고를 잊게 해준다.

 마르셀 푸르스트의 소설 《잃어버린 시간을 찾아서》에서는 주인공이 마들렌을 홍차에 찍어 먹으며 옛 기억을 되살린다. 마들렌 덕분에 시간 여행이 시작되는 것이다. 먹는다는 것은 몸으로 하는 일이고, 몸은 정신보다 기억력도 복원력도 훌륭하다. 프루스트는 말한다. "갑자기 모든 기억이 모습을 드러내기 시작했다. 이 맛은 일요일 아침마다 레오니 고모가 차에 살짝 담가 내게 건네주던 바로 그 마들렌의 맛이었다." 내게 마들렌은 추억이 깃든 빵은 아니니, 먹는다고 해서 특별한 기억이 떠오르는 것은 아니다. 하지만 우리 아이들에게는 유년의 어느 일요일 아침 엄마가 만들어준 마들렌이 어떤 기억을 남겨주길 기대해 본다. 그 기억은 값으로 따질 수 없는 것일 테니 3시간 동안 만들어 15분만에 먹어 치운다고 해도 아쉬울 건 없다.

❶ 주의사항 반죽을 충분히 휴지하지 않으면 깊은 맛이 나지 않아요. 가능하면 전날 밤에 만들어 냉장해 두었다가 다음 날 아침에 사용하면 좋아요.

 완성된 마들렌을 틀에서 빼낸 다음, 녹인 코팅 초콜릿을 틀의 조개 무늬 부분에 짜 넣어주고, 그 자리에 완성된 마들렌을 다시 집어넣어 주면 조개 무늬 면에 초콜릿 코팅이 입혀진 달콤한 마들렌을 완성할 수 있다. 커버춰 초콜릿이 아니라 코팅 초콜릿을 사용해야 잘 굳어서 깔끔하게 떨어진다.

Recipe

① 버터 100g을 중탕으로 녹여 미리 준비해 둔다.

② 실온에 노둔 달걀을 풀어 100g을 맞춘다. (달걀 1개는 보통 60g 정도다. 2개를 풀어 100g을 맞추고 남은 것은 보관한다.)

③ 달걀 푼 것에 설탕 100g을 넣어 섞는다. 이때 레몬즙이나 레몬청 등도 함께 넣어 섞는다. 설탕량은 취향에 따라 줄여도 된다.

④ 체 친 박력분 100g에 소금 한 꼬집, 베이킹파우더 2g을 함께 넣고 섞는다.

⑤ 중탕으로 녹인 버터를 넣고 섞는다.

중탕 버터

⑥ 1시간 휴지

반죽은 고르게 잘 섞어 준 뒤 랩으로 싸서
1시간가량 냉장고에서 휴지한다.

⑦ 버터

마들렌 틀은 잘 씻어 말린 뒤,
녹인 버터를 꼼꼼하게 발라준다.
(1번 버터를 녹일 때 소량을 추가해서 녹인 뒤
사용하면 된다.)

⑧ 버터를 바른 마들렌 틀을 냉장고에 넣어
놓았다가 꺼내면 버터가 굳어 있다.
그 위에 박력분을 흩뿌린 뒤 뒤집어
탈탈 털어둔다.

⑨ 80%

1시간 이상 휴지한 반죽을 짤주머니에
넣고 틀의 80% 정도만 짜 넣는다.

⑩ 가장자리 갈색

180도, 15~20분

봉긋 솟아오름

180도로 예열한 오븐에 팬을 넣고
15~20분 정도 모양을 보아가며 굽는다.
가운데 배꼽 부분이 봉긋 솟고 가장자리
부분이 갈색으로 구워지면 완성!

버
터
링
쿠
키

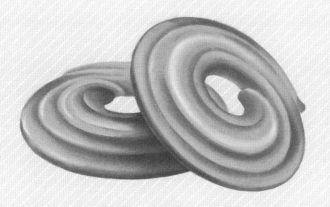

08

파는 것보다 맛있어!

버터링쿠키

아이들은 언제나 간식을 달라고 한다. 빵을 먹어도 과자를 먹고 싶고, 과자를 먹고 나서도 아이스크림 먹을 배는 따로다. 장보러 마트에 가면 아이들은 저절로 과자 코너 앞에 가 선다. 갈등은 깊어진다. 아예 못 먹게 할 수도 없고, 그렇다고 죄다 유기농으로만 먹일 수도 없다. 내 타협은 겨우, 딱 하나만 골라. 하나씩이야! 신경질적으로 외치는 정도. 만약 호기심이 발동해서 애들이 고른 과자의 성분표라도 보게 되면 시름은 더 깊어진다. 도대체 이 맛과 향을 내기 위해 뭐가 이리 많이 들어간단 말인가.

짤주머니와 모양깍지도 샀고 버터와 밀가루도 있다. 그렇다면 쿠키를 만들어보자 싶었다. 뭐가 좀 쉬울까 하고 찾아보다가 깜짝 놀랄 사실을 발견했다. 버터링쿠키를 만드는 데 겨우 네 가지 재료면 충분하다는 것!

밀가루와 설탕과 우유와 버터. 정말? 그거면 되는 거야? 나는 얼른 재료를 준비했다. 박력분 80g, 설탕 30g, 우유 30mL, 버터 60g을 준비하고 만들기 시작했다. 크림화 된 버터에 설탕 넣고 우유 넣고 박력분 넣기. 잘 섞인 반죽을 짤주머니에 넣고 동그랗게 짠 뒤 굽기. 끝!

이건 40분 정도밖에 안 걸렸다. 반죽의 농도를 맞추는 것이 어렵기는 했다. 처음 만들었을 때는 너무 되서 짤주머니에 넣고 짜는 것이 뻑뻑했다. 그러다 보니 파는 것보다 모양이 거칠거칠했다. 그렇다면 맛은? 와우! 파는 것보다 백배는 더 맛있다. 퍽퍽함이 덜 하면서 바삭했고 사르르 녹았다. 한 입 베어 먹으면 고소한 버터 향이 확 퍼지는 것은 말할 것도 없고. 아이들도 파는 것보다 훨씬 맛있다고 난리다. 내가 뛰어난 파티시에의 자질이라도 갖춘 걸까? 절대 그건 아니다. 난 입맛은 저렴하고, 손은 야물지 못 한 사람이다. 이건 누가 만들어도 이 맛이 나는 아주 간단한 레시피가 아닌가. 도대체 이 쿠키는 왜 이렇게 맛있는 건가?

'물 올려놓고 옥수수 따러 간다'라는 옛말이 있다고 한다. 도시에서 한평생을 살아온 나는 처음에 그 말을 이해 못 했다. 말인즉슨, 옥수수를 따자마자 삶아 먹으면 그렇게 맛있다는 것! 나도 딱 한 번 그런 경험을 해 본 적이 있는데 와, 진짜 이걸 아무것도 넣지 않고 삶은 옥수수라고 할 수 있나, 싶을 만큼 맛있었다. 그런데 그렇게 맛있는 옥수수라고 해도 길고 긴 유통과정을 거쳐 우리 손에 들어왔을 때는 따자마자 삶아 먹는 것하고는 비교가 안 된다. 쿠키도 마찬가지. 막 구워져 나온 것! 그건 어떻게 만들어도 맛있을 수밖에 없다.

그리고 또 하나 중요한 이유를 발견했는데, 시판 버터링쿠키의 버터

함량은 3.5%다. 그렇다면 홈메이드 버터링쿠키는? 36%가 버터. 무려 10배 차이가 나는 것이다. 게다가 시판 버터링쿠키의 그 3.5%의 버터마저도 100% 버터는 아니다. 가공 버터이기 때문이다. 버터와 가공 버터

는 유지방의 차이로 구분할 수 있다. 버터는 우유의 지방을 응고시켜 분리한 것이다. 이때, 우유의 지방이 바로 유지방이다. 우리가 보통 제과제빵에 사용하는 무염 버터는 유지방이 99%에서 100%에 이른다. 그냥 다 유지방이라는 뜻이다. 하지만 가격이 조금 싼 가공 버터의 유지방 함량은 30~80%이다. 그럼 나머지는? 팜유나 야자 경화유 같은 식물성 유지로 채워진다. 이유는 당연히 가격이 싸기 때문. 그렇다면 3.6%인 시판 버터링쿠키의 실제 버터 함유량은 약 2%일 것이다. 버터를 2%밖에 안 넣고도 버터의 향과 느낌을 내려면? 당연히 아주 많은 식품첨가물이 들어갈 수밖에 없었을 테고. 시판 버터링쿠키에는 무려 13가지 재료가 들어간다. 하지만 아무리 첨가물로 맛과 향을 만들어내도, 진짜 버터를 듬뿍 넣은 것과는 비교할 수 없다. 이건 '버터'링쿠키니까, 버터가 가장 중요한 재료인 것이다.

　이후, 나는 종종 버터링쿠키를 구웠다. 물론 버터값과 나의 노동력을 생각하면 사 먹는 게 싸다. 450g에 만 원인 버터를 기준으로 하면 쿠키 한 번 만들 분량인 버터 80g은 약 1,700원인데 버터링쿠키 한 상자의 값은 보통 천 원 이내다. 그렇다고 해도 갓 구운 과자를 그릇에 옮겨 담을 때의 고소한 기쁨을 포기할 수 없었다. 그렇게 몇 번 홈메이드 과자를

만들면서 또 한 가지 긍정적인 효과를 경험했는데, 그건 바로 재활용 쓰레기가 드라마틱하게 줄어든다는 것. 시판 버터링쿠키 한 상자를 먹으면 종이상자, 비닐, 플라스틱까지 무려 세 종류의 재활용 쓰레기가 나온다. 하지만 홈메이드로 해 먹으면 짤주머니용 비닐 한 장이면 가능하다. 짤주머니도 재사용이 가능한 것을 쓰면 쓰레기가 나오지 않는다.

나는 그저 과자나 좀 구워주고 싶었을 뿐인데, 생각이 많아졌다. 진실을 아는 것은 피곤한 일이다. 버터링쿠키 몇 번 만들어봤다고 마트 생활을 청산할 수는 없겠지만, 과자 상자들 앞에 서서 한 번 더 생각해 보고 조금 다른 선택을 해 볼 수 있겠지, 기대해 본다.

❗주의사항　　집어먹다 보면 순식간에 사라져요! 열량이 높으니 한 번에 많이 만들지 말고 조금씩 만들어 드세요. 눈앞에 보이면 오다가다 계속 먹게 되니 자신의 의지를 너무 시험하지 마시길.

버터를 크림화할 때는 주로 거품기를 사용한다. 하지만 소량의 버터를 보통 크기 거품기로 크림화하면 거품기 안으로 들어간 버터 덩어리를 빼내느라 애를 먹는다. 조금 작은 거품기를 쓰거나 스패출러를 이용해서 살살 풀어주면 된다.

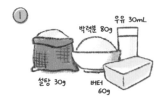

① 박력분 80g, 설탕 30g, 우유 30mL,
버터 60g을 준비한다.

② 실온에 두어 말랑해진 버터를 풀어
크림 상태로 만들고, 설탕을 넣고 잘 섞는다.
설탕을 잘 섞은 후에 우유를 넣고 또 섞는다.

③ 잘 섞인 반죽에 체에 내린 박력분을
넣고 날가루가 보이지 않게 잘 섞는다.

④ 별 모양 깍지를 끼운 짤주머니에
반죽을 넣고 짜서 동그라미를 만든다.

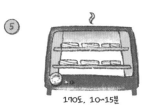

⑤ 170도로 예열한 오븐에
10~15분간 굽는다.

두부
과자

09

냉장고에 남아있는 두부 반 모

두 부 과 자

식단을 꼼꼼하게 짜고 정신 똑바로 차리고 장을 봐도 식재료를 제때 남김없이 쓰는 건 어렵다. 이건 저녁에 해 먹어야지 하다가 갑자기 외식하게 되기도 하고, 누가 반찬을 주면 우선 그걸 먹게 된다. 냉장고가 꽉 차 있는데도 뭘 해 먹어야 할지 몰라 난감한 적도 많다. 분명 오늘 낮에 장을 봐 왔는데, 저녁에 또 장바구니를 들고 마트에 갈 때는 자괴감이 든다. 4인 가족 밥상을 매끼 준비하는 것만큼 창조성과 순발력, 인내심과 융통성을 동시에 요구하는 업무도 없다. 주는 대로 먹으라며 식판을 밀어놓는 구내식당이 아니므로, 가족들의 컨디션과 취향, 냉장고 속 식재료 상태와 나에게 요리를 할 수 있는 에너지가 어느 정도 남아있는지 등을 고려해 신속하고 직관적으로 메뉴를 정해야 하는 것이다. 가장 만만한 식재료는 역시 콩나물과 두부. 두 가지는 언제나 냉장고에 있다.

오후 4시, 냉장고를 열어보니 두부 반 모가 눈에 들어온다. 부치기는 부족하고, 국이나 찌개를 끓이기는 귀찮다. 반 모만 남아 반찬통에 넣어둔 게 2, 3일은 된 것 같다. 얼른 먹어 치워야 한다. 어쩌지? 부침과 찌개가 아니면 정녕 두부의 쓰임은 없단 말인가? 불쑥 순두붓집 계산대에서 팔던 두부과자가 떠올랐다. 두부과자에는 두부가 들어가겠지? 두부과자를 만들어볼 수는 없을까? 찾아보니 다행히 레시피는 두부 반 모를 기준으로 한 것이 많았다. 그래, 남은 두부 반 모로 두부과자 반죽을 만들자! 그런데 두부과자의 포인트는 중간중간 콕콕 박혀있는 검은깨! 검은깨가 반드시 들어가야 한다. 검은깨라, 어딘가 있을 것 같은데… 싱크대를 아무리 뒤져봐도 없다. 참깨는 한 통 가득 있는데, 검은깨는 없다. 그냥 참깨로 할까? 어차피 같은 깨잖아. 고소한 건 똑같아. 그래도 두부과자에는 검은깨여야만 한다. 포기가 안된다.

두부과자는 만들고 싶은데 검은깨는 없고, 참깨를 써서 두부과자에 대한 환상을 깨트리기도 싫고. 나는 옷을 챙겨입고 나갔다. 내가 봐도 웃긴다. 냉장고에 남은 두부 반 모 쓰자고 검은깨를 사러 나가는 나라니. 그런데 더 놀라운 일은 마트에 도착해서 일어났다. 세상에 검은깨 500g이 무려 삼만 원 가까이 하는 것이었다. 사천 원짜리 두부 반 모 쓰자고 삼만 원짜리 깨를 사는 내가 바보 같다. 농협이라 비싼 거 아니야? 검색을 해봐도 똑같다. 국산 깨는 인터넷에서도 500g에 삼만 원 정도 하지만 수입 검은깨는 1kg에 만 원! 세상에 다섯 배 차이가 난단 말이야? 두고두고 먹을게 분명하다고 나 자신을 다독이면서 떨리는 손으로 삼만 원짜리 깨 500g 한 봉지를 사서 집으로 돌아왔다.

반죽은 간단했다. 두부를 손으로 으깨고 분량의 재료를 넣고 섞기만 하면 된다. 나는 반죽을 만들고 휴지하기 위해 냉장고 안에 넣었다.

냉장고에 넣어놓은 반죽을 꺼낸 건 온 가족이 모여 〈해리포터와 죽음의 성물〉을 같이 볼 때였다. 아이들이 영화를 보며 먹을 간식을 찾았다. 나는 좀 귀찮았지만 한 판 밀어서 얼른 구워주고 같이 봐야지, 라고 생각했다. 한 판을 구워 그릇에 담아 아이들에게 주고 얼른 부엌을 정리했다. 날린 밀가루를 행주로 닦고, 남은 반죽을 냉장고에 넣고, 밀대를 씻고… 그 때였다.

"엄마, 더 주세요!"

뭐…뭐… 뭐라고? 가져간 지 3분도 안 된 거 같은데? 어쨌든 그릇은 깨끗했고, 아이들은 눈은 스크린에 고정되어 있으면서 손가락으로는 그릇 바닥의 과자 부스러기를 찍어 먹고 있었다. 아, 저 꼴 제일 보기 싫다. 나는 냉큼 그릇을 집어 들며 말했다.

"그만해. 또 해 줄 테니까."

"엄마! 너무 맛있어요."

두 아이가 헤실거리며 웃는다. 아씨, 맛있다잖아. 기분 좋잖아. 나는 씻어둔 밀대를 다시 꺼내 키친타월로 잘 닦았다. 행주로 다 닦아낸 밀가루를 또 뿌렸다. 그리고 반죽을 꺼내 또 밀대로 밀었다. 두 번, 세 번, 네 번까지 밀어 구워서 배달했다. 더는 못 굽는다. 반죽을 다 썼으니까. 이제 만족한다는 표정들이다. 아이고 힘들다. 이제는 나도 즐겨야겠어. 화면을 보니 벌써 해리와 볼드모트가 치열한 전투를 벌이고 있다. 에이, 앞부분 다 놓쳤잖아. 안타까운 마음이 들면서도 헤벌쭉 만족스러운 표정으로 영화에 몰입한 녀석들을 보니 후회되지는 않는다.

그래도 앞으로는 보고 싶은 영화를 같이 볼 때는 꼭 간식을 미리 만들어 두겠어, 다짐한다. 먹어야 하는 너희만큼이나 즐겨야 하는 내 시간도 소중하니까. 오늘은 너희들이 그렇게 많이 먹을 줄 몰랐거든. 처치 곤란 두부 반 모로 이 정도면 오늘도 성공이야! 나는 아무도 모르게 웃는다.

 시중에서 파는 두부과자는 대개 기름에 튀긴 것이다. 물론 튀긴 것과 구운 것은 식감이 다르다. 튀긴 것이 훨씬 바삭하고 고소하다. 하지만 건강을 생각하면 구운 것이 더 좋다. 바삭하게 구우면 아이들도 잘 먹는다.

검은깨는 수입과 국산이 너무 차이가 나서 그냥 수입산을 살까 망설이기도 했지만, 수입산 검은깨에서 타르 색소가 검출되었다는 기사가 떠올랐다. 참깨에 색소를 입혀 검은깨로 둔갑시키기도 하고 품질이 낮아 좀 덜 검은 검은깨에 타르 색소를 뿌리기도 했다는 기사였다. 찾아보니 2006년의 일이었다. 검은깨가 참깨보다 몸에 좋다고 알려지면서 더 비싸다 보니 생긴 일인 것 같았다. 내가 아주 어렸을 때 엄마가 믿고 산 고춧가루가 사실은 톱밥에 물을 들인 거였다는 사실을, 엄마는 두고두고 이야기하셨다. 시간이 많이 흘렀는데도 먹을 걸로 장난치는 사람들은 여전히 있다. 좀 비싸지만 난 국산 검은깨를 샀고, 1년이 지난 지금도 쓰고 있다. 깨는 소량만 쓰기 때문에 쉽사리 통이 비지 않는다.

언젠가 깨를 터는 영상을 본 적이 있다. 단을 묶어서 바싹 말려 작대기 같은 걸

로 쳐서 깨가 떨어지게 한 후 쭉정이는 걸러내고 깨만 모아 담는 과정을 일일이

손으로 하는 장면을 보면서 아, 깨 값은 하나도 비싼 게 아니구나 깨달았다.

Recipe

①

둥근 볼에 두부 반 모를 넣어 잘 으깬다.
박력분 160g, 달걀 1개, 소금 3g,
식용유 12g, 베이킹파우더 3g,
검은깨 15g을 넣고 잘 섞어 한 덩어리로
뭉친다. 두부의 몽글몽글한 감촉이
살아있는 반죽이 완성된다.

②

하나로 뭉친 반죽을 비닐로 잘 싸서
냉장고에 넣고 1시간 이상 휴지한다.

③

반죽을 꺼내 4~6개 정도의 덩어리로
나눈다. 4개 덩어리는 과자보다는
얇은 빵 식감의 두부과자가 되고,
6개 덩어리는 얇게 밀면
바삭한 식감이 난다.

④

팬 위의 테플론 시트에 덧가루를
뿌리고 나누어 놓은 반죽을 올려 밀대로
민다. 얇게 민 반죽을 적당한 크기로
잘라주고 180도에서 15분 내외로 굽는다.

상
투
과
자

10

이보다 더 쉬울 순 없다

상 투 과 자

정말 이렇게 하면 된다고? 상투과자 레시피를 보며 믿을 수 없었다. 자글자글 섬세한 줄무늬가 있는 상투과자. 겉은 조금 딱딱하지만 속은 촉촉하고 달콤했던 상투과자. 어렸을 때 제과점에 가면 동그란 플라스틱 통에 담겨 있었다. 센베이 과자 가게에서 팔기도 했다. 빵보다는 비쌌기 때문에 좀처럼 얻어먹기 힘든 품목. 요정의 집 지붕같이 생긴 모양이며, 윗부분만 살짝 더 구워져서 자연스럽게 그러데이션이 생기는 갈색 반점까지도 매력적이다. 여러 개 먹어 목이 멜 때면 차가운 우유를 한 모금 마시면 입안에서 사르르 녹았다. 그런데 그냥 이렇게 섞고 짤주머니에 넣어 짜서 굽기만 하면 완성이 된다고?

상투과자의 주재료는 백앙금. 팥앙금이 팥을 이용한 것이라면 백앙금은 흰 강낭콩으로 만든 것이다. 달콤한 흰 앙금이 들어간 동글 납작한 빵이 떠올랐다. 고속도로 휴게소에서 파는 만쥬에도 백앙금이 들어있다. 그 백앙금이 상투과자의 주재료였던 것. 백앙금은 1kg에 사천 원 선. 나는 베이킹 숍에 들렸을 때 A4 반절만 한 크기의 두꺼운 비닐에 말랑하게 채워져 있는 백앙금을 샀다.

1kg 한 봉지를 둘로 나누었다. 두 번 해 먹으면 될 것 같았다. 500g의 백앙금에 달걀노른자 하나, 아몬드 가루 50g, 우유 10mL를 넣고 잘 섞어주었다. 된 반죽이라 골고루 잘 섞으려니 팔이 아프다. 그래도 씩씩하게 마녀의 물약을 만드는 기분으로 섞는다. 힘껏 반죽을 섞고 있으니 아이들이 뭐 하고 있냐고 물으며 다가온다.

"멋진 과자를 구울 거야!"

"나도 해봐도 돼?"

"물론이지. 정성껏 섞어야 해!"

아이들에게 반죽을 넘긴다. 내가 하네 네가 하네 싸우는 소리도 정겹다. 난 좀 쉴 수 있으니까. 반죽이 고르게 섞인 후 짤주머니에 넣고 짠다. 짤주머니를 오븐 판과 직각이 되게 들고 꾹, 누르고 쏙, 잡아 올리고를 반복한다. 귀여운 상투 모양이 쏙쏙 만들어지자 아이들이 경탄한다.

"우와! 엄마, 정말 예쁘다!"

이런 추임새가 좀 있어 줘야 신이 나지. 흥이 난 나는 반죽 한 판을 금방 짜서 오븐에 넣는다. 15분쯤 지나자 땡 하는 소리와 함께 퍼지는 달콤한 냄새!

다 구워진 상투과자는 구운 후 조금 식

혀서 바로 먹으면 옛날 맛 그대로다. 하지만 시간이 조금 지나면 파는 것보다는 딱딱하고 퍼석한 느낌이다. 왜일까? 일반적인 레시피에는 물엿을 넣는데 나는 앙금 자체가 달기 때문에 물엿은 넣지 않았다. 그래서일까? 물엿을 넣어도 너무 달지 않게 당도를 조절하려면, 결국 앙금의 당도를 조절하는 수밖에. 시판 앙금 중에 저당 앙금이 있다. 저당 앙금은 일반 앙금보다 10% 정도 당도가 낮다. 하지만 그 정도로는 뭔가 아쉽다. 백앙금을 직접 만들어 볼 수는 없을까? 만드는 방법은 팥앙금을 만드는 방법과 같을 것이다. 흰 강낭콩을 사서, 설탕을 적게 넣고 앙금을 만든 다음 물엿으로 당도를 조절하면… 그렇게 구운 상투과자는 어떤 맛일까? 아, 이 호기심 위험한데. 강낭콩 사러 마트에 가고 싶은 마음을 꾹 누르며 시간이 지나 조금 딱딱해진 오늘의 상투과자 한 개를 집어먹는다. 오늘은 여기까지만.

 1kg 앙금을 사서 500g을 사용할 때 끝부분을 조금 잘라 짜가면서 500g 양을 저울에 재기보다는 눈대중으로 비닐째로 싹둑 반으로 잘라서 사용하시면 편하다. 남은 반은 비닐에 넣어 잘 묶어 냉장고에 보관하고 잘린 면으로 앙금을 짜서 나머지 반죽 재료와 섞으면 된다.
색을 내고 싶다면 반죽을 섞는 단계에서 천연 가루를 넣으면 된다. 단호박 가루를 넣으면 노란색, 자색고구마 가루를 넣으면 보라색, 쑥 가루를 넣으면 초록색을 낼 수 있다.

①
백앙금 500g, 아몬드 가루 50g,
달걀노른자 1개, 우유 10g을 볼에 넣고
잘 섞는다.

②
짤주머니 비닐 끝을 잘라 모양 깍지를
넣는다. 상투과자용 깍지(195번)를
끼운다. 벚꽃 깍지나 별 모양 깍지도 좋다.

③
반죽을 깍지를 끼운 짤주머니에 넣는다.
긴 컵에 비닐을 넣고 윗부분을 뒤집어
벌린 다음 반죽을 넣으면 편하다.
반죽을 아래쪽으로 밀어준 뒤
짤 때 새어나오지 않게 고무줄로
윗부분을 단단히 묶는다.

④
오븐 팬 위에 테플론 시트나 유산지를 깔고
가지런히 짠다. 바닥과 직각이 되도록
짤주머니를 쥐고 2~3cm 띄운다.
왼손으로 아랫부분을 받치고 윗부분을
한 번 꾹 쥐어 봉긋하게 짜고 반죽을 끊는다.

⑤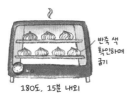
180도, 15분 내외

180도에서 15분 내외로 굽는다.
오븐마다 구워지는 정도가 다르니
반죽의 색깔을 확인하며 굽는다.

도
넛

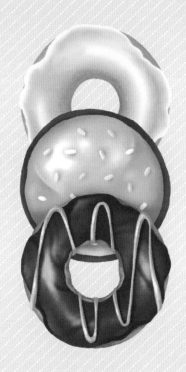

11

골라 먹는 기쁨

도 넛

어린 시절 나는 내가 뭘 먹고 싶은지 잘 몰랐다. 특별히 말을 잘 못했다던가 수줍음이 많았던 건 아닌데, 뭐 먹을래? 라는 질문 앞에서 진짜 먹고 싶은 걸 생각하기 보다는 어떤 선택을 하는 것이 유리한지, 같이 있는 어른의 기분을 거스르지 않을지, 괜찮은 사람으로 보일지를 더 많이 신경 썼다. 보통 그 가게 대표 메뉴를 고르는 게 가장 편했다. 무난해 보이니까. 그래서 판촉용으로 나누어준 베스킨라빈스 31 책받침을 보고 어안이 벙벙했던 기억이 아직도 생생하다. 세상에 아이스크림 종류가 서른한 가지나 된다고? 그중에 하나를 골라야 한다고? 자신이 없었다. 하지만 책받침을 가득 채우고 있는 갖가지 모양과 색깔의 아이스크림케이크는 보고만 있어도 황홀했다. 그러면서도 아이스크림으로 케이크를 만들다니 사치스러워. 이런 음식을 누가 사 먹을 수 있겠어? 곧 망하고 말 거야, 같은 애답지 않은 생각을 했다. 더 커서 던킨도넛 매장에 가게 되었을 때도 그 많은 도넛 중에서 뭔가를 고르는 건 어려운 일이었다. 반짝이는 설탕 시럽이 매력적인 글레이즈드도넛이나, 안에 크림이나 잼이 들어있고 겉에는 하얀 슈가파우더가 가득 뿌려진 필드도넛을 주로 골랐다. 이유는 가장 쌌기 때문. 내 돈 주고 사 먹을 때는 어차피 배에 들어가면 다 똑같아, 라는 마음이었고 누가 사줄 때는 굳이 취향을 드러내는 것이 부담스러웠다. 아니, 실은 다른 걸 먹을 수 있다는 생각 자체를 안 해본 것이다.

그래서였을까, 얼마 전 열한 살 딸아이가 한 개에 1,900원짜리 처음 보는 도넛을 망설임 없이 선택했을 때 난 좀 놀랐다. 신제품인 것 같았다. 두툼한 화이트 초콜릿이 도넛 윗면을 든든하게 감싸고 있었다. 한 개 먹고 부족하다고 징징거리면 피곤한데. 도넛 한 개에 1,900원이라니 너무 비싸잖아, 라는 생각을 하면서 여섯 개를 세트로 담아 할인해 파는 상자를 가리키며 저건 어때, 라고 묻자 단호하게 고개를 젓는다. 싫어. 이거 먹고 싶어. 장난기가 발동했다.

"이게 왜 먹고 싶어?"

"먹고 싶으니까. 먹고 싶지."

"처음 보는 거잖아. 어떤 맛인지 모르는데 어떻게 먹고 싶어?"

내 말에 딸아이가 답답하다는 듯 한숨을 쉰다. 그리고 입을 연다.

"엄마."

앗. 딸이 나직하고 단단하게 엄마, 라고 부르면 좀 긴장된다.

"응?"

"일단 먹어봐야 어떤 맛인지를 알지! 안 먹어보고 어떻게 알아?"

그렇구나. 네 말이 맞아. 나는 또 설득당했다. 딸은 동생 것까지 두 개의 도넛을 샀다. 3,800원. 시금치 두 단 값이다. 그거야 엄마 사정이고, 도넛 봉지를 가볍게 흔들며 걷는 아이는 그렇게 행복해 보일 수가 없다. 학원에서 돌아온 동생에게 새로 사 온 도넛을 소개하고, 잠깐 함께 환호한 뒤, 도넛은 우유랑 먹어야지, 따위의 어른스러운 말이 오간다. 냉장고 문 여닫는 소리, 달그락 접시와 컵 소리 후, 잠시 고요하다. 자기 몫의 도넛을 음미하는 것이다. 그리고 감상을 나눈다. 맛있지? 응 진짜 맛있어. 누나가 잘 골랐지? 응, 잘 골랐어.

그렇구나. 내가 원해서 고른 도넛을 먹을 때, 도넛뿐 아니라 고른 기쁨까지 같이 먹는 거구나. 그래서 사람들은 그렇게 무언가를 고르고 싶어 하는구나. 내게는 쉽지 않았던 일을 편안하게 해내는 아이들을 보며 가슴 한쪽이 뭉클했다. 너는 나보다 조금 더 나아가고 있구나. 네 삶의 주인이 되어가는구나.

그럼 남이 만들어 놓은 걸 고르지만 말고, 직접 도넛을 만들고 토핑을 골라 완성하면 어떨까? 나는 실리콘으로 된 동그란 도넛 틀을 구입했다.

자, 오늘은 도넛 만드는 날! 이라고 외치자 아이들은 눈을 반짝이며 부엌으로 몰려들었다. 달걀과 설탕, 녹인 버터와 우유를 잘 섞고 박력분과 베이킹파우더를 넣어 반죽을 만든다. 이 반죽을 도넛 틀에 넣고 구우면 된다. 15분이 지나고 땡, 소리가 나자 아이들이 오븐 앞으로 달려온다. 나는 가운데 구멍이 뽕 뚫린 도넛을 하나씩 꺼내 식힘망 위에 올려놓는다. 그리고 중탕으로 녹은 초콜릿에 한 번씩 담갔다 빼 아이들 앞에 놓아준다. 이제부터는 아이들의 순서! 나는 아이들 앞에 도넛을 꾸밀 재료들을 올려둔다. 아이들 손이 바쁘게 움직인다.

구워진 도넛을 꾸미는 동안 아이들은 시끌벅적 말이 많아진다. 초콜릿을 잔뜩 묻히고 싶어. 예쁜 걸 뿌려볼래. 와, 예쁘다! 너는 이게 좋아? 나는 이 맛을 좋아해. 이거 내가 만든 거야. 맘에 들어. 누나 거 멋지다! 네 것도 예뻐. 왁자지껄 아이들 소리를 듣고 있으면 절로 웃음이 난다. 절로 웃음이 나다니 얼마나 식상한 표현인지! 그런데도 다른 표현을 찾을 수 없다. 진짜로 저절로 입꼬리가 위로 올라가 버리고 그 순간에는 온 세상에 내 입꼬리만 있는 듯, 그 웃음이 나를 넘어서 버리기 때문이다.

설탕, 초콜릿, 정제된 밀가루. 그리고 기름. 도넛은 자주 먹기에 마음이 불편한 음식인 건 맞지만, 가끔 이렇게 올라간 입꼬리가 되고 싶은 날에는 구워진 도넛 12개와 녹인 초콜릿, 각종 토핑을 아이들 앞에 놓아주고 자, 여섯 개씩 너희 맘대로 꾸며봐. 라고 말하고 아이들 이야기에 귀를 기울여야지. 직접 선택하고 오롯이 즐기는 시간을 훔쳐보며 행복해져야지. 가만히 혼자 다짐한다.

오븐이 없어도 반죽을 기름에 튀겨서 도넛을 만들 수 있다. 시중에서 파는 도넛가루와 달걀만 있으면 쉽게 반죽을 만들 수 있다. 반죽하고 밀대로 민 다음 큰 동그라미와 작은 동그라미들로 각각 찍어내 도넛 모양을 만든 다음 160도 정도의 기름에 튀겨내면 된다.

 도넛은 왜 가운데 구멍이 뚫렸을까? 도넛은 원래 미국에 온 네덜란드 이민자들이 기름에 튀겨먹는 빵에서 유래했다고 한다. 당시 사람들은 반죽이 잘 익지 않는 도넛의 가운데 부분에는 견과류를 넣었다. 그래서 nuts of dough이라고 부르던 것이 후에 doughnut이 되었다고 한다. 가운데 구멍이 뚫린 도넛의 형태는 네덜란드계 미국인 선장이었던 그레고리 한센에 의해 발명되었다고 알려져 있다. 선장인 한센은 항해하며 빵을 먹을 방법을 생각하다가, 키에 꽂아놓고 먹을 수 있도록 가운데에 구멍뚫는 것을 떠올렸다고 한다.

①

달걀 1개를 풀고 설탕을 50g 넣은 후
거품기로 잘 섞는다. 녹인 버터 30g과
우유 60mL을 넣고 다시 섞는다.

②

박력분 130g과 베이킹파우더 4g을
액체류에 넣고 잘 섞는다.

③

반죽을 짤주머니에 넣고 도넛 틀에
짜 넣는다. 부풀어 오를 것을 고려해
70%만 채운다. 기포가 생기지 않게
틀을 탁탁 내리친다.

④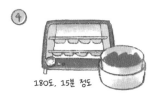

180도로 예열된 오븐에 15분가량 굽는다.
그 사이 초콜릿을 중탕으로 녹여둔다.

⑤

다 구워진 도넛을 식힌 후, 액체가 된
초콜릿에 살짝 담갔다 빼서
한쪽을 코팅한다.

⑥

초콜릿이 완전히 굳기 전에
원하는 다양한 토핑을 얹는다.

12

엄마, 달걀이랑 버터 언제 꺼내 놓을까요?

마 가 렛 트

코로나가 확산되며 한 보름 집에만 있었다. 퍼져 가는 확진자 소식에 우울했다. 아이들과 함께 있을 때 뉴스를 보지 않으려고 해도 자꾸 휴대폰에 손이 갔다. 주의를 부정적인 것에 빼앗기지 않으려면, 어딘가에 집중해야 했다. 무언가 만들 수밖에 없었다. 매일 새로운 간식을 만들어 먹는 것이 나와 아이들의 루틴이 되었다. 우리에게 하루에 한 가지씩은 기쁨이 필요했다. 제대로 못 만들어도, 기대보다 맛이 없어도 아이들은 기뻐해 주었다. 그 즐거움이 언제나 나를 일으켰다. 내가 아이들에게 간식을 만들어주었다기보다 아이들이 나에게 환한 시간을 건네주었다는 편이 더 옳다.

그러던 어느 날, 더는 미룰 수 없는 일을 처리하려 외출을 해야 했다. 아이들을 남편에게 맡기고 밖에 나가 한참 일을 보고 있는데, 오후 두 시쯤 딸에게 전화가 왔다. 받자마자 딸의 활기찬 목소리가 울렸다.

"엄마, 달걀이랑 버터 언제 꺼내 놓을까요?"

집에서 나오기 전 그런 말을 하긴 했다. 다녀와서 쿠키를 만들어 먹자. 오늘은 뭘 만들지 엄마가 생각해 볼게. 재미있게 놀고 있어. 얼른 다녀올게. 한동안 함께 빵과 과자를 만들며 아이들은 알게 되었다. 쿠키를 만들려면 버터와 달걀이 필요하다는 것을. 냉장고에 있는 버터와 달걀은 바로 반죽에 사용할 수 없어 실온에 한동안 놓아두어야 한다는 것을. 그리하여 아이는 지금 묻고 있는 것이다. 달걀과 버터를 언제쯤 꺼내놓으면 되는지. 이 질문은 빨리 오라는 뜻이면서 동시에 오자마자 과자를 만들어 달라는 뜻이었고. 지금 기쁨을 기다리고 있다는 뜻이며 그동안 매일 간식을 만들어 먹으며 행복했다는 뜻이기도 했다. 나는 곧 갈 테니 지금 꺼내 놓으라고 했다. 집에 도착하려면 시간이 좀 더 필요했다. 하지만 나는 30분 후에 달걀을 꺼내, 라고 말할 수는 없었다. 그건 기쁨을 위해 지금 행동하고 싶은 마음을 미루라는 뜻이기 때문이다. 나는 딸이 바로 이 순간 기대감을 품고 냉장고 속 달걀을 꺼낼 때의 감촉을 몸에 새기기를 바랐다. 그리고 최대한 빨리 집으로 돌아갔다. 집에 도착했을 때, 버터는 알맞게 녹아 있었다. 나는 딸에게 진심으로 고맙다고 말했다. 고마운 일이었다. 베이킹을 위해 미리 버터를 냉장고에서 꺼내줄 누군가가 있다는 것은. 우린 마가렛트를 만들어보기로 했다.

재료를 잘 섞어 반죽하고 냉장고에 30분 정도 넣어 두었다. 휴지한 반죽을 꺼내 작은 덩어리로 나누고 동그랗게 빚은 뒤 꾹 눌러 한쪽면을 납작하게 만든다. 오븐 팬 위에 올리고 스크래퍼로 눌러 윗부분에 격자무

늬를 만든다. 한 개 한 개 격자무늬를 넣는 일은 귀찮을 법도 한데 반복
적으로 하다 보면 이상하게도 기분이 맑아진다. 신기하다.

　　　　　　잠시 후, 고소한 냄새가 집안에 퍼지고,
땡, 하고 오븐 소리가 울리자 아이들이 달려
온다. 과연 맛은? 기대에 미치지 못했다. 우
리가 만든 쿠키가 진짜 별로였다기보다는,
파는 마가렛트 맛에 길들었기 때문이리라.
시판 마가렛트는 이름을 봐도 뭔지 잘 모르는 다양한 재료들의 복잡한
조합의 결과이다. 얼추 세어봐도 서른다섯 가지 정도의 재료가 들어간
다. 식감과 모양도 중요하지만, 실온에서 일정 기간 변질 없이 유통하기
위해서도 다양한 재료가 필요할 것이다. 겨우 일곱 가지 재료로 시판 과
자와 똑같은 맛을 내는 것은 불가능하다.

　파는 것보다 맛이 없는데, 라는 순간이 좀 지나고 배가 출출해지자, 아
이들은 파는 것과 비교할 겨를 없이 우유와 함께 맛있게 먹었다. 역시 인
생은 타이밍. 버터를 꺼내는 것도 만든 쿠키를 먹는 것도 때가 중요하구
나. 무엇을 만들까보다 언제 그릇에 담을까를 더 고민해야 하는군, 생각
하며 혼자 속으로 웃는다.

집에만 있는 손주들이 안타까워 외할아버지가 간식거리를 잔
뜩 사다 주고 가셨다. 그중 마가렛트가 있었다. 종이 상자를 뜯
고, 비닐을 벗겨 아이들은 맛있게 과자를 먹었다. 아이들이 던
져놓은 종이상자를 뒤집어 보니, 세상에 마가렛트 상자 뒷면에 마가렛트 만드

는 법이 나와 있는 게 아닌가! 레시피는 충실하게 차근차근 만드는 방법을 설명해주고 있었다. 내가 만들었던 방법과 많이 다르지 않았다.

'집에서 만들어 먹는 마가렛트 레시피'라는 제목 옆에 이렇게 쓰여 있었다. '바쁜 엄마들은 가까운 마트나 슈퍼에서 마가렛트를 구입하면 센스 만점'. 피식 웃음이 났다. 구워주는 것도, 사다 놓는 것도 엄마 몫! 간식 상자에서까지 돌보고 챙기고 먹이는 것은 여성의 일이란 잔소리를 들어야 하나 싶어 피곤이 밀려온다.

Recipe

실온에 둔 버터 100g, 설탕 60g,
소금 2g을 넣고 잘 섞는다.

반죽에 실온에 둔 달걀 1개,
바닐라 엑스트랙 3~4방울을 넣고 잘
섞는다. 달걀이 차가우면 버터와
잘 섞이지 않는다.

반죽에 박력분 100g, 아몬드 가루 120g,
베이킹파우더 2g을 넣고 잘 섞는다.
반죽을 비닐에 넣고 30분간
냉장실에서 휴지한다.

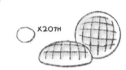

반죽을 꺼내 20개로 나눈다. 하나씩
동그랗게 둥글린 후 바닥에 눌러 한쪽을
납작하게 만든다. 스크래퍼로 마가렛트
특유의 격자무늬 칼집을 넣는다.

노른자 1개와 우유 15mL를 섞은
달걀물을 쿠키 표면에 발라준다.

180도로 예열한 오븐에 10~15분 정도
굽는다. 표면을 봐가며 시간을 조절한다.
버터량의 20% 정도를 땅콩버터로
대체하면 고소하다. 껍질을 깐 땅콩을
잘게 부수어 반죽에 넣으면
씹는 맛을 더할 수 있다.

아몬드쿠키

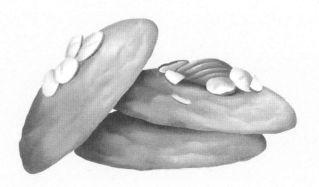

13

밀가루 없이 과자를?

아 몬 드 쿠 키

밀가루라는 말은 흔하다. 익숙해서 밀가루가 밀의 가루라는 걸 자꾸 잊어버린다. 밀이라는 작물이 있고 열매가 있고, 그 열매를 갈아 만든 것이 밀가루라는 상상을 해볼 새도 없이 밀가루로 무언가를 만들고 밀가루가 들어간 음식을 먹는다. 더군다나 빵이나 쿠키라면, 의심 없이 밀가루가 주재료라고 여긴다. 그래서 밀가루 없이 아몬드 가루를 주재료로 쿠키를 만들 수 있다는 말에, 설마 하고 생각했다. 아몬드 가루, 라는 재료도 생소했다. 술안주로 집어 먹는 조미된 아몬드 정도야 쉽게 상상이 되지만, 아몬드를 가루로 만들어 베이킹 재료로 쓴다는 상상을 못 해본 것이다. 아몬드 가루가 베이킹 재료가 된다는 사실을 알게 된 건 마카롱 때문이었다. 얼마전까지만 하더라도 마카롱이 무얼로 만들어졌는지 궁금해하지 않고 그냥 먹었다. 다만 크기에 비해 너무 비쌌다. 유행의 값일까 싶어 떨떠름하면서도 화려한 색과 독특한 맛의 유혹을 이기지 못하고 지갑을 열고 말았다. 베이킹을 시작하고 이것저것 만들어보면서 마카롱은 만들어 볼 수 없을까? 라는 생각에 레시피를 찾아보았다. 그리고 알게 되었다. 아몬드 가루라는 재료가 있다는 것을. 나는 큰맘 먹고 아몬드 가루 1kg을 베이킹 숍에서 샀다. 하지만 나처럼 '일단 해 본다' 주의자에게도 마카롱은 도전하기 어려운 품목이었다. 아몬드 가루는 냉동실 안에서 얌전히 잠자며 여기저기 소량으로 고소한 맛을 내는 부재료로 쓰였더랬다. 이제야 그 아몬드 가루가 주연으로 등장할 순서가 왔다. 나는 아몬드 가루를 조금 집어 살짝 엄지와 검지 사이에 두고 비벼보았다. 밀가루보다는 좀 뻑뻑하고 *끈끈한* 느낌이다. 근데 이걸 주재료로 쿠키를 만든다고? 그것도 아주 간단하게?

체 친 아몬드 가루에 베이킹파우더를 약간 넣고 꿀과 식용유를 넣어 잘 섞어 반죽한 뒤 납작하게 빚어 굽는다. 이제 끝이라고? 겨우 4가지 재료면 될 뿐 아니라 만드는 방법도 무척 간단하다. 구워져 나온 쿠키는 쫀득하고 고소한 샤브레 같다. 들인 노력이나 시간에 비하면 무척 훌륭하다. 무엇보다 밀가루도 버터도 우유도 없이 이런 맛과 식감이 가능하다니 놀랍다. 내겐 조금 달게 느껴졌는데, 올리고당 대신 설탕물을 만들어 농도와 당도를 조절할 수 있지 않을까 싶었다. 특히 밀가루에 알레르기 반응이 있거나 사정상 글루텐을 제한해야 할 때는 적당한 간식이었다. 그러다가 우연히 키토식을 하는 선배를 만났는데, 탄수화물을 극도로 제한하는 키토식을 하는 사람들에게 아몬드 가루는 그야말로 신의 선물이라는 이야기를 들었다. 아몬드 가루를 사용해 식빵이나 머핀을 만들

어 빵을 먹고 싶은 욕구를 채운다고 했다. 아몬드 가루가 가능하다면 다른 견과류도 가능할 터. 땅콩 가루로도 비슷한 방법으로 쿠키를 만들 수 있다. 다만 이렇게 사용하는 견과류의 분말은 볶지 않은 생 열매를 바로 간 것이니, 우리가 먹는 볶은 땅콩이나 볶은 아몬드를 갈아서 사용하는 것은 불가능하다. 즉 시판 땅콩 가루나 아몬드 가루 등을 사서 사용해야 하는 것이다.

견과류를 가루로 만들고 반죽을 해서 먹을 수 있다는 것을 옛날 사람들은 어떻게 알게 되었을까? 아무리 생각해도 그것이 미스터리다. 가만히 옛사람들의 부엌을 상상해본다. 누군가 우연히 혹은 실험정신으로 견과류의 열매를 빻고 어쩌다가 반죽이 되고, 혹은 실험정신으로 불에 익혀봤겠지. 대체로 망치거나 타버리거나 이상한 맛이었겠지만, 그중 몇몇은 맛이 있고 이런저런 방법으로 레시피가 개발되었을 것이다. 그리고 퍼져나갔겠지. 부엌의 주인들 사이에서. 마을과 도시, 국경을 넘어서 그리고 긴 시간을 살아남아 나에게까지 전해져 왔겠지. 그 끄트머리에 서 있구나 나는. 무엇도 처음이 아니고, 어떤 것도 혼자가 아닌 지점에서 이렇게 작은 것까지 내가 알지 못하는 시간에 의존해서. 불쑥 얼굴을 모르는, 영원히 모를, 처음 아몬드를 절구에 넣고 빻아보았을 누군가에게 가만히 말하고 싶어졌다. 고마워요.

아몬드 가루 100g과 베이킹파우더 3g을
체에 내린다. 아몬드 가루는 밀가루에
비해 입자가 거칠어 구멍이
큰 체로 내리는 것이 편하다.

체에 내린 가루에 꿀 60g (or 올리고당
50g), 식용유 10g을 넣고 섞는다. 꿀과 올리
고당은 점도가 달라서 넣는 양이 다르다.

잘 섞인 반죽을 20g씩
동그랗게 분할하고 납작하게 빚는다.

170도로 예열한 오븐에
15분가량 굽는다.

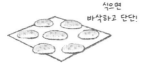

갓 구웠을 때는 단단하지 않지만
식으면 바삭하고 단단해진다.

조금 안다고 이것저것

모
닝
빵

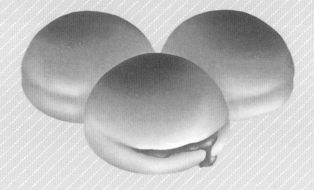

발효빵, 만들 수 있을까?

모닝빵

욕심이 생겨 버렸다. 통통하게 부풀어 오르는 빵을 만들고 싶다. 쿠키도 케이크도 좋지만 간식일 뿐. 아침 식사용 빵을 만들 수 없을까? 쿠키와 케이크에 버터, 설탕이 많이 들어가는 것도 신경 쓰였다. 담백하고 자주 먹어도 부담이 덜한 빵을 만들고 싶었다. 이를테면 모닝빵.

모닝빵을 만들어보고 싶다는 마음은 하필 자정 무렵 찾아왔다. 뭔가 하고 싶다는 마음은 왜 밤늦게 찾아올까? 욕구를 느끼는 데도 여유가 필요하다. 종일 애들과 씨름하다 보면 내가 뭘 하고 싶은지 느끼기 힘들다. 식구들이 다 잠들고 고요한 부엌에 홀로 앉아있으면 요정이 찾아온 것처럼 환하게 마음이 밝아지며 지금 당장 이걸 하고 싶어, 라는 분명한 소리를 듣게 된다. 마음의 소리를 들으면 일단 몸을 움직인다. 머리보다 몸이 빨라야 한다. 머리는 분명 하면 안 될 이유를 말할 것이다. 밤이 늦었잖아. 처음 해 보는 거잖아. 결국 망치게 될 거야. 야밤에 모닝빵이라니 오버 아니야? 그런 목소리를 물리치는 방법은 일단 몸을 움직여 필요한 재료를 찾는 것이다. 움직이다 보면 결국 하게 된다. 하다 보면 설사 실패했어도 뭔가를 얻게 되고.

그러나 몸을 움직였다고 해도 재료가 없다면 소용이 없다. 버터, 달걀, 드라이이스트까지 다 있는데 가장 중요한 강력분이 없었다. 강력분이 없다면 모닝빵은 만들 수 없다. 그동안 만들었던 케이크와 과자는 모두 박력분으로 만든 것이었다. 강력분은 쓸 일이 거의 없어 사두지 않은 것.

그렇다면 하고 싶다는 마음을 간직한 채로 내일 아침에 마트에 가서 강력분을 사다가 만들면 된다. 그게 어른답지 않은가? 그런데 나는 그게 안 되는 인간이다. 하고 싶은 일은 하고 싶은 순간에 어떻게든 하고 만다. 이는 나의 훌륭한 장점이자, 가장 치명적인 단점이다. 그래서 나는 당장 할 수 있는 방법을 찾아 온 부엌을 뒤졌다. 잠시 후 부엌 귀퉁이에서 수제비 반죽을 하느라 쓰고 남은 중력분 반 봉지를 발견했다. 중력분이라면 강력분만큼은 아니지만 웬만큼의 발효 빵을 만들 수 있다. 야호!

따뜻하게 데운 우유에 드라이이스트를 넣어두고 볼에 중력분과 소금 설탕을 넣고 잘 섞어준다. 달걀 하나 그리고 드라이이스트를 섞은 우유를 모두 볼에 넣고 잘 섞어 반죽을 만들고 열심히 치대준 다음 1차 발효. 동그랗게 모양을 만든 다음 두 배로 부풀 때까지 2차 발효. 170도로 예열된 오븐에 넣고 20분을 기다렸다.

이렇게 해서 내 생애 첫 모닝 빵이 완성된 시간은 새벽 5시! 그러니까 정말 밤을 새워 만든 것이었다. 반죽이 발효되는 시큼한 냄새가 주방에 퍼지는데도 나는 혹시 반죽이 부풀어 오르지 않으면 어쩌나 한참을 조마조마했다. 시간이 흐르고 면포를 걷어내니 스테인리스 볼을 가득 채우며 동그랗게 부푼 반죽이 활짝 웃는 아이처럼 나를 반긴다. 그 반죽 한 가운데를 주먹으로 꾹 눌러 가스를 빼던 그 첫 감촉을 영원히 잊지 못할 거다. 그 촉감은 나를 아주 잠깐 다른 세계에 데려다주었다. 덕분에  나는 아이들을 조금 더 이해하게 되었다. 세상의 모든 처음은 이토록 신비한 것이니, 매일매일 새로운 처음을 경험하는 아이들에게 세계는 매혹 그 자체. 그 매혹의 감각을 존중해야지, 다가가서 같이 누려야지 다짐한다.

아침 모닝빵을 발견한 아이들로 부엌은 순식간에 축제 분위기가 된다. 구름빵이라며 가지고 놀고 먹고 떠들고 이야기를 만들어 낸다. 우유에 찍어 먹고 잼을 발라 먹고 조몰락거린다. 다시 어른의 세계로 돌아온 나는, 아무래도 쫄깃한 식감이 나지 않는 것이 아쉽다. 중력분을 사용해서 그런 것이리라. 해가 떴으니 강력분을 사 오자, 다시 만들어보자, 생각한다. 너무 집착하는 거 아니야 싶으면서도 이런 몰입은 흔치 않은 일, 일단은 누려보자며 혼자 웃는다. 잠이 부족해 멍하면서도 빵 냄새만으로 배가 부르다.

! 주의사항 발효에는 온도가 가장 중요해요. 여름에는 반죽이 빨리 부풀고, 겨울에는 좀 더 오래 걸리지요. 그래서 시간으로 1차 발효는 1시간, 이렇게 기억하기보다는 반죽이 두 배로 부풀어 올랐을 때, 라는 식으로 기억하는 것이 좋아요. 정답은 없어요. 자주 만들면서 감을 익히는 것이 중요해요.

Tip! 발효 빵을 만들다 보면, 반죽이 담긴 볼을 덮어 두어야 할 일이 많이 생긴다. 처음에는 랩을 사용했는데, 쓸 때마다 버리게 되는 것이 너무 아까웠다. 옷장을 뒤져보니, 아이들이 아기일 때 쓰던 거즈 수건이 남아있었다. 그 거즈 수건을 한번 삶은 후 사용하기 시작했다. 발효시 덮어 둘 때는 거즈 수건을 물에 적셔서 한 번 꾹 짠 다음, 반죽이 들어있는 용기 윗부분을 덮으면 된다. 물론 잘 빨아 말린 뒤 몇 번이고 다시 쓸 수 있다.

알아두면 좋아요. <신기한 밀가루의 세계>

강력분, 중력분, 박력분은 단백질의 양으로 나뉜다. 강력분에는 11% 이상, 중력분에는 8~10%, 박력분에는 8% 이하의 단백질이 들어있다. 이 단백질 안에는 글루텐이라는 성분이 함유되어 있는데, 바로 이 글루텐이 발효 빵이 부풀어 오르는 데 꼭 필요한 성분이다. 즉, 단백질 함량이 일정 이상인 중력분이나 강력분으로는 발효 빵을 만들 수 있지만, 박력분으로는 만들 수 없다. 그래서 보통 박력분으로는 쿠키나 케이크를, 중력분으로는 수제비나 만두를, 강력분으로는 식빵 등 발효 빵을 만든다.

① 강력분 300g, 버터 30g, 설탕 30g,
소금 3g, 달걀 1개, 우유 150mL,
드라이이스트 5g을 준비한다.

② 전자레인지에 30초 돌려 따끈해진
우유에 드라이이스트를 넣어 상온에
잠시 둔다. 따뜻한 우유에 넣으면
발효가 더 잘 된다.

③ 큰 볼에 밀가루를 체 치고
설탕과 소금을 넣고 잘 섞는다.

④ 달걀 1개를 넣고 상온에 놓아둔
②의 우유를 부어준다.

⑤ 날가루가 보이지 않게 잘 섞어준 뒤
한 덩어리로 뭉쳐서 반죽한다. 반죽을
손바닥으로 길게 쭉 밀어준 다음 반으로 접고,
다시 쭉 밀어준 만큼 반으로 접고를 반복해서
탄력이 생기도록 만든다.

⑥ 1) 반죽이 거친 느낌이 없이 잡아당긴다.
2) 어느 정도 늘어나면, 상온에 두어 말랑해진
버터를 반죽 안에 넣고 잡아 뜯고 뭉치고를
반복하며 섞는다.
3) 버터가 반죽에 흡수될 때까지 계속 치대면
전체적으로 매끈하면서 말랑해진다.
4) 총 반죽 시간은 약 15분 정도.
(무념무상의 마음으로 치댈 것)

⑦

반죽을 양쪽으로 잡아당겨 봤을 때 얇고
투명한 막이 생길 때까지 (찢어지지
않을 때까지) 앞의 과정을 반복한 뒤,
볼에 넣고 랩으로 싸서 1차 발효한다.

⑧

1차 발효 26~35℃   물 1:1
                          or 오븐 보온 기능

1차 발효 온도는 26~35도 사이.
[온도계가 없을 때]
1) 끓인 물과 찬물을 1:1로 섞은 물에
반죽을 담은 볼을 띄워 데운다.
2) 또는 오븐의 보온 기능으로 오븐 온도를
올린 후, 오븐을 끄고 반죽을 넣고 1시간을 두면
적당한 발효 온도가 유지된다.

⑨

발효가 잘되면 반죽은 2배 정도로 부풀어
오른다. 1차 발효에서 부풀어 오른 반죽을
주먹으로 꾹 눌러 가스를 뺀 뒤, 스크래퍼를
사용해 총 12개로 나눈다. 작은 반죽
하나의 무게는 44~46g 정도.

⑩

유산지 or
테플론 시트

12개의 반죽을 유산지나 테플론 시트를
깐 오븐 틀에 서로 붙지 않게
간격을 두어 늘어놓는다.

⑪

2차 발효 1시간

젖은 면포
or 랩

젖은 면포나 랩으로 반죽을 덮은 다음 2배로
부풀어 오를 때까지 1시간 정도 2차 발효한다.

⑫

170도,
15~20분

반죽을 170도로 예열된 오븐에 넣고
15~20분 굽는다.

⑬

식기 전에
우유나 달걀물
바르기

다 구워진 빵의 겉 부분을 매끄럽게 하려면
빵을 오븐에서 꺼낸 뒤 식기 전에
표면에 우유나 달걀물을 바른다.

초코소라빵

발효 빵에 성공했다면, 무궁무진합니다

초 코 소 라 빵

명색이 작가니 어딘가 콕 처박혀 세상일에 흔들리지 않고 작품에만 전념하면 좋겠지만 나는 그게 잘 안 된다. 성격 때문이다. 며칠 사람을 못 만나면 수다에 굶주려 전화를 걸어대고, 한나절만 책상에 앉아 있어도 답답해서 한 바퀴 돌고 와야 한다. 그런 내가 코로나 때문에 아무도 못 만나고 있자니, 소통하고 싶은 욕구는 커졌다. 나는 나의 빵 만들기 생활을 SNS에 올리기 시작했다. 맛있어 보여요, 같은 작은 한 마디도 큰 힘이 되었다. 그런 소통은 가끔 단순한 감상이나 위로를 넘어서 나를 다음 단계로 나아가게 해주는 에너지가 되기도 했다. 강력분으로 성공한 모닝빵을 SNS에 올려 자랑했을 때, SNS 친구인 한 분이 이런 댓글을 달아주셨다.

"일단 강력분 발효 성공하셨으면 소라빵, 소시지빵 다 가능해요."

모닝빵이 상상력의 끝이었던 나는 저 댓글 하나로 완전히 다른 세상을 만나게 되었다. 세상에 소라빵이라니! 소시지빵이라니! 이 댓글을 보기 전에 내 머릿속에는 다양한 빵들이 이리저리 섞여 있었다. 그런데 댓글을 보고 나서는 머릿속 빵 세계의 지도가 바뀌었다. 세상에는 발효 빵과 발효 빵 아닌 빵이 있는 거였다. 나는 모닝빵을 성공함으로써, 발효 빵의 세계에 첫발을 내디딘 것이다. 그래, 나는 이제 수많은 발효 빵을 만들 수 있는 사람이 된 거야. 새삼스러운 자각에 가슴이 떨려왔다. 그렇다면 이제 뭘 만들어볼까. 당연히 소라빵이지. 초콜릿크림이라면 더 좋아. 그녀의 답글에 그렇다면 소라빵 레시피를 찾아봐야겠다고, 감사하다고 댓글을 남기자 또 하나의 댓글이 달렸다.

"소라빵 틀을 사지 않고 마분지로 고깔 모양을 만들고 은박지로 씌워서 틀을 만들었어요."

소라빵을 만들려면 고깔 모양의 틀이 필요하다. 스테인리스로 된 이 틀에 길쭉하게 민 반죽을 돌돌 말아 발효해 소라 모양을 만드는 것이다. 그런데 마분지로 고깔을 만들고 은박지로 감싸면, 틀을 대신할 수 있다고 말해주신 거였다. 집에는 마분지도 있고, 은박지도 있다. 말인즉슨, 당장이라도 소라빵을 만들 수 있다는 것! 나는 서둘러 재료를 준비했다.

두꺼운 종이를 잘라 고깔 8개를 만들고 은박지로 잘 감싸는 것으로 시작. 모닝빵을 만들었던 기억을 되살려 반죽하고 발효했다. 1차 발효가 끝난 반죽을 8개로 나누어 밀어 길쭉하게 만든 다음, 준비한 고깔에 돌돌 말아 30분간 2차 발효한다. 그리고 180도 오븐에 15분 정도 구우면 된다. 빵이 구워지는 동안 초콜릿 크림을 만들어두고, 빵이 다 구워지면 고깔을 빼내고 식힌 다음 미리 만들어둔 초콜릿 크림을 짤주머니에 넣어 빵의 가운데 부분에 짜 넣는다. 이렇게 해서 8개의 초코소라빵 완성.

세상에 내가 초코소라빵을 만들다니. 이틀 전만 해도 상상할 수 없던 일이 일어난 것이다. 나는 초코소라빵을 만든 것을 SNS에 올려 자랑했다. 그러면서 생각보다 빵이 촉촉하지 않아 아쉽다고 썼다. 그러자 또 그녀의 댓글.

"빵을 비닐봉지에 넣어 두면 수분이 고루 퍼지면서 촉촉해져요."

와우, 나는 얼른 알려주시는 대로 했다. 빵 상태가 한결 나아졌다. 이후에도 그녀는 베이킹 꿀팁을 많이 알려주셨다. 예전에 아이들에게 직접 빵을 만들어 주셨던 기억을 되살리시며 글을 남겨주시는 거였다. 우리는 댓글로 제법 많은 대화를 나누었지만, 한 번도 개인적으로 소통하거나 직접 만난 적은 없다. 내가 그녀에 대해 아는 건 나와 가까운 동네에 사신다는 것과 요리를 좋아하신다는 것 정도가 전부. 그런데도 나는 빵을 만들 때면 한 번씩 그분을 생각한다. 갓 구운 빵을 전해 드리고 싶다는 마음이 불쑥 들면서, 내게서 불현듯 일어난 그 마음이 오히려 나를 위로한다. 누군가에게 먹을 걸 만들어 드리고 싶다는 마음은 그 마음을 가진 사람을 순하고 부드럽게 만들기 때문이다. 신기한 위로를 경험하며 생각한다. 음식이란 참, 대단하구나. 언젠가 우연히라도 집 앞 공원 벤치에 앉아 빵으로 맺어진 내 SNS 친구와 갓 구운 빵을 나누어 먹을 날을 기다려 본다. 맛있게 드신다면 더없이 기쁠 것이다.

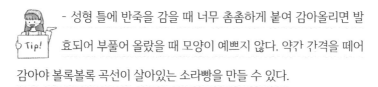

- 성형 틀에 반죽을 감을 때 너무 촘촘하게 붙여 감아올리면 발효되어 부풀어 올랐을 때 모양이 예쁘지 않다. 약간 간격을 떼어 감아야 볼록볼록 곡선이 살아있는 소라빵을 만들 수 있다.
- 커스터드 크림을 만드는 것이 번거롭다면, 시판 커스터드 믹스를 사용하면 된다. 커스터드 가루에 물 혹은 우유를 넣고 거품기로 돌려주기만 하면 간단하게 완성하여 사용할 수 있다.

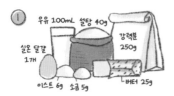

강력분 250g, 이스트 6g, 설탕 40g,
버터 25g, 소금 5g, 달걀 1개, 우유 100mL를
준비한다. 버터와 달걀은 미리 실온에
꺼내 놓는다.

체 친 강력분에 3개의 홈을 파고
이스트, 설탕, 소금을 닿지 않게 넣고
가볍게 각각 섞어 밀가루 코팅을 해준다.
(이스트가 설탕, 소금에 바로 닿으면
발효가 잘 안된다.)

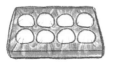

섞인 가루에 우유, 달걀을 넣고 치대
한 덩어리로 만든 다음, 말랑한 버터를
넣어 잘 섞이도록 10분 정도 더 치댄다.

따뜻한 곳에서 1차 발효

따뜻한 곳에서 2배로 부풀 때까지
1차 발효한다.

충분히 부푼 반죽의 가스를 빼고
스크래퍼로 잘라 8개로 나눈다.
반죽을 동그랗게 빚은 뒤 랩이나 면포를
덮어 20분간 휴지한다.

휴지를 마친 반죽을 하나씩 길게
밀어준다. 반죽 하나당 40cm 정도로
민다. 끝부분은 다른 부분보다 조금 얇게
밀어야 예쁜 소라를 만들 수 있다.

성형 틀의 얇은 쪽부터 시작해 반죽을
돌돌 말아 올린다. 엑스자로 한번 겹치고
시작해야 초콜릿 크림을 넣었을 때
새어 나오지 않는다.

오븐 팬에 놓고 달걀물이나 우유를 바르고
30분간 2차 발효한다.

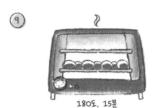

180도, 15분

180도로 예열된 오븐에 15분간 굽는다.

우유 300g 설탕 75g 버터 15g 밀가루 15g 전분 12g 커버춰 초콜릿 100g

[초콜릿커스터드 크림]

우유 300g, 버터 15g, 설탕 75g,
달걀노른자 3개, 전분 12g, 밀가루 15g,
커버춰 초콜릿 100g을 준비한다.

우유에 버터를 넣고 냄비의 가장자리
부분이 약간 끓어오르는 정도로 데운다.

노른자 밀가루 전분 설탕

볼에 달걀, 설탕, 전분, 밀가루를
넣고 섞는다.

꾸덕 꾸덕

체에 내려
고운 부분만
약불로 끓인다.

1) 데운 우유를 ⑫ 에 넣고 잘 저어 준다.
2) 걸쭉해진 반죽을 체에 내려 고운 부분만
   냄비에 넣고 약한 불로 천천히 끓인다.
3) 눌어붙지 않게 주걱으로 잘 저어가면서
   끓이면 반죽이 꾸덕꾸덕해진다.
4) 초콜릿을 넣어 같이 녹이면
   초콜릿커스터드 크림 완성.

빵이 다 구워지면 오븐에서 꺼내
식기 전에 성형 틀을 빼낸다.
빵이 식으면, 짤주머니에 초콜릿커스터드
크림을 넣고 빵의 가운데 동그랗게
빈 부분에 짜 넣는다.

치아바타

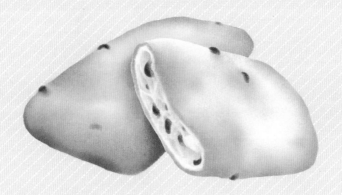

어른의 빵이 먹고 싶어

치 아 바 타

초코소라빵은 그야말로 순삭이었다. 아이들 환호에 힘이 났다. 하지만 아무리 초코소라빵이 맛있어도, 그건 어린이용이다. 어른의 빵을 먹고 싶었다. 더 쫄깃하고 담백한 빵. 가장 먼저 떠오른 것은 치아바타였다. 즐겨 먹던 빵집의 치아바타가 떠올랐다. 그 빵집에서는 이스트를 사용해 빵을 부풀리는 것이 아니라 건포도로 발효종을 직접 만든다고 했다. 나무 향기 가득한 빵집 데크에서 갓 구워져 나온 빵을 먹으면, 거친 마음이 순식간에 부드러워지곤 했다. 나는 치즈롤이 들어간 치아바타를 좋아했다. 순간 치즈가 콕콕 박히고 구멍이 숭숭 뚫린 부드러운 크림색의 직사각형 치아바타가 눈앞에 떠올랐다. 빵 칼로 썰면 바지직하고 두꺼운 겉면이 부서지고 그 다음에는 쓱쓱 말랑한 속살이 가볍게 잘린다. 한 조각을 집어 발사믹 소스에 찍어 먹으면 환상이지! 한번 만들어 볼까? 나는 고개를 저어 잊으려고 노력했다. 치아바타라니 당치도 않아. 그걸 어떻게 만들겠어? 반죽기가 없이 손으로 모닝빵 반죽을 하는 것도 버거웠다. 치아바타처럼 쫄깃한 반죽은 더 힘들게 뻔했다. 초보 주제에 너무 멀리 갔어. 이제 욕구를 잠재우자, 라고 생각했다. 동시에 남들이 어떻게 만드는지 보는 것 정도는 괜찮잖아. 대리만족도 만족이야, 라는 마음의 소리가 들렸다.

'치아바타 만들기'로 검색했다. 오, 수많은 포스팅이 있었다. 몇 개를 읽다 나는 깜짝 놀랐다. 치아바타는 모닝빵처럼 치대서 만드는 것이 아니라 폴딩 즉, 진 반죽을 '접어서' 만드는 것이었다. 세상에 접어서 빵을 만들 수 있을 거라고 상상도 안 해봤다. '접어서'라면 치대는 것보다는 해 볼 만할 것 같았다. 문제는 반죽을 접고 나서 3, 40분간 발효시켜야 하는데, 이 과정을 최소 4번 정도 반복해줘야 한다는 것. 발효된 반죽을 접어주는 과정을 통해 기포가 생기는 것이었다. 1차 발효만 2시간 반 정도 걸렸다. 준비하고 2차 발효에 굽는 과정까지 하면 4시간이 걸린다. 시계를 보니 새벽 2시. 지금 시작하면 밤을 꼬박 새워야 한다.

할까? 말까? 잠은 흥분으로 달아난 지 오래. 코로나가 기승을 부리니 내일도 어차피 외출하긴 글렀고 집에서 아이들과 복작복작 하루를 보내야 한다. 그렇다면 깊은 밤 이 정도의 모험을 나에게 선물하는 것, 나쁘지 않다. 나는 찬장에서 밀가루를 꺼냈다. 찾아둔 레시피를 찬찬히 따라 했다. 시작하기 전에 발효가 되기를 기다리며 읽을 책 한 권을 준비하는 것도 물론 잊지 않았다.

오븐에 반죽을 넣고 나니 7시가 넘었다. 아, 부풀어 오른다. 된다, 돼! 빵 냄새가 집 안에 가득하다. 절로 커피가 당긴다. 커피머신에 커피를 내렸다. 15분 후 오븐을 열어보니 눈앞에 내가 만든 치아바타가 있다. 세상에! 시금치도 못 무치는 데 치아바타를 만들다니. 뭘 찍어먹으면 맛있을 텐데. 집에 발사믹 식초 따위가 있을 리 없다. 냉장고 안 생크림을 꺼내 얼른 휘퍼로 돌렸다. 갓 구운 차아바타를 쓱쓱 잘라 커피와 함께 생크림을 발라 먹는다.

오, 좋다! 세포 하나하나가 둥실 떠오르는 기분! 에너지 레벨이 한 단계 높아졌다. 이건 그냥 만족감이라기보다는 고양감에 가깝다. 진짜 의미 있는 일을 했을 때 느껴지는 기분! 이게 뭐라고. 그저 내가 먹고 싶은 빵 하나를 만들어 먹었을 뿐인데 왜 이렇게까지 좋은 거지? 쫄깃한 빵을 쩝쩝 씹으며 나는 내가 하는 일에 대해 생각했다.

최근에 일하며 이렇게 기뻤던 적이 있나? 나는 글을 쓴다. 쓰는 것이 좋다. 엉킨 생각이 문자가 되어 몸 밖으로 나가는 순간의 해방감을 사랑한다. 거기까지만 해도 좋다. 더 나아가 글자가 차곡차곡 쌓여 한 권의 책이 되는 순간의 믿을 수 없는 기쁨도 알게 되었다. 하지만 한 문장 한 문장을 모아 한 권 분량을 만들고 그것이 또 책이라는 물건이 되기까지 기다리는 것은 아득히 지루한 일이다. 때로는 갓 출간된 책을 따끈하게 받아 들고도 그 책의 첫 문장을 쓰던 순간의 떨림이 되살아나지 않아 당황스러웠던 적도 있었다. 어쩌면 나는 그 속도에 조금 지친 것일까? 다섯 시간 만에 완성된 치아바타를 즐기는 동안 밀가루 단계에서 반죽에 이르기까지, 말랑말랑함에서 따듯함까지, 기대감과 초조함까지 모든 감각이 선명했다. 이러한 즉각적이고 감각적인 만족감이 내게 필요했는지도 모르겠다. 상념이 깊어질 무렵 빵 한 개를 다 먹어버렸다.

빈 그릇을 보고 있자니 빵이 주는 또 다른 기쁨이 무언지 알 것 같았다. 사라지는 것. 먹어서 사라져 버린다는 건 정말 개운한 일이었다. 생각이 글자가 되고 종이에 새겨져 지구에 흔적으로 남는 것은 인간이 소멸할 수밖에 없는 존재라는 점을 생각하면 벅찬 일이지만, 그래서 한편 미치도록 부끄럽다. 더 나아질 수 없는 10년 전 내 문장을 볼 때마다 숨고 싶다. 굳이 비교하자면 내일의 빵은 오늘의 빵보다 나아질 것이다. 하지만 오늘의 빵을 부끄러워하지는 않을 것 같다. 먹어서 사라졌으니까. 지금 먹는 순간의 만족감만 몸에 새겼으니까. 생각이 꼬리에 꼬리를 무는 순간, 어린이들이 깨서 부엌으로 등장. 어린이들은 금방 나를 추상의 세계에서 구체적인 현실로 끌고 온다. 어린이들과 살며 누릴 수 있는 가장 큰 특권.

치아바타는 설탕이라고는 전혀 안 들어간 빵이다. 밀가루, 물, 이스트,  식용유, 소금의 조합. 어린이들은 안 좋아할 것이 뻔해. 내가 다 먹어야지, 라는 건 나의 착각이었다. 잠에서 깬 어린이들이 남은 세 덩어리의 치아바타를 생크림에 찍어 순식간에 뚝딱 해치웠다. 쫄깃하고 고소하다는 것이 어린이들의 평! 다섯 시간이나 걸려 만들

빵이니, 정성의 맛을 알아본 것이라고 해 두자.

반죽에 올리브, 크렌베리, 롤 치즈 등 부재료를 넣으면 다채롭게 즐길 수 있다. 가로로 잘라 채소를 넣고 파니니용으로 사용하는 것도 추천!

만드는 시간이 긴 것에 비해 40분에 한 번씩 반죽을 접어야 해서 완성될 때까지 완전히 주방을 떠날 수 없다는 것이 단점. 생각이 많아져 잠 안 오는 새벽에 재미있는 책 한 권을 읽으며 만드는 것을 추천한다. 책이 너무 재미있어서 폴딩할 시간을 놓쳐서도 안 되니 핸드폰으로 다음 폴딩할 시간의 알람을 맞추어 놓고 읽으시길!

알아두면 좋아요.

치아바타는 본 반죽을 바로 만들 수도 있지만 폴리쉬 반죽(밀가루와 물을 1:1로 섞고 약간의 이스트를 넣은 반죽)을 먼저 만들어 12시간 이상 발효시킨 후 본 반죽에 넣어 만들기도 한다. 물과 밀가루를 1:2.5 정도로 섞고 이스트를 약간만 넣어 좀 더 되직하게 만들어 12시간 이상 발효한 반죽을 '비가'라고 한다. 비가 반죽 역시 나중에 본 반죽에 섞어 치아바타를 만든다. 이렇게 폴리쉬나 비가 반죽을 사용하는 것은 발효 시간을 길게 할수록 이스트 양을 줄일 수 있고 더 풍미가 좋은 빵을 만들 수 있기 때문이다. 번거롭다면 폴리쉬나 비가 반죽을 많이 만들어 놓고 보관하면서 치아바타

를 만들 때마다 조금씩 덜어서 본 반죽에 넣어 사용해도 된다. 아참, 치아
바타라는 말은 '슬리퍼'라는 뜻을 가지고 있다. 빵 모양이 슬리퍼처럼 둥
글넓적해서 붙여진 것 같다. 북부 이탈리아에서 유래한 치아바타는 유럽
에는 바게트와 쌍벽을 이룰 만큼 사람들이 즐겨 먹는 빵이다.

Recipe

① 커다란 김치통을 준비한다.

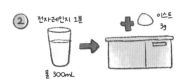

② 300mL의 물을 전자레인지에서
1분 정도 돌려(25~30도 정도)김치통에 붓고
이스트 3g을 솔솔 뿌린다.

③ 이스트가 다 녹고 나면 물에
식용유 35g을 부어 잘 섞어 준다.

④ 강력분 380g과 소금 5g을 물에 넣고
주걱으로 잘 섞어 준다. 밀가루의 30% 정도
는 호밀, 통밀 등으로 대체 가능하다.

잘 섞어 한 덩어리를 만든 후에
40분 동안 뚜껑을 덮어 둔다.

4~5회 접기

반죽을 가로, 세로로 한 번씩 접는다.
4~5회 접는다. 반죽이 질기 때문에
손에 물을 발라가며 접는다. 뚜껑을 덮는다.

4회 접기

40분 후

다시 40분 후에 4회 접기를 반복한다.
(겨울철 온도 22도의 조건에서
40분 간격으로 4번 했다. 여름에는
간격을 조금 좁혀도 된다.)

통을 뒤집어 놓으면
반죽이 떨어진다.

뚜껑을 열고 반죽 위에 덧가루를 뿌린 뒤,
덧가루를 뿌려 준비한 팬에 통을 뒤집어
놓으면 천천히 반죽이 떨어진다.

1/4

팬 위에 놓인 말랑한 반죽을 스크래퍼로
모양을 잡아가며 네 덩어리로 나눈다.

220도, 15~20분

220도로 예열된 오븐에 15~20분간 굽는다.

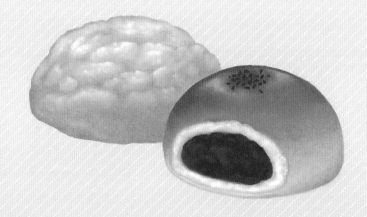

04

빵이 다르게 보인다

소 보 로 빵 과 단 팥 빵

소보로빵이나 모카빵, 맘모스빵이나 커피번 같은 빵들은 윗부분이 색다르다. 어렸을 때 소보로빵의 소보로부터 떼어먹었다. 빵 봉지 안에 가루로 떨어진 소보로까지 입안에 탈탈 털어 넣고 나서 소보로 없는 빵을 먹을라치면 어찌나 밍밍하고 맛이 없던지. 소보로만 싹 떼어먹고 대머리가 된 빵만 남겨놓는 바람에 야단도 많이 맞았다. 그렇게 먹으면서도 한 번도 소보로 빵을 어떻게 만드는지, 소보로 재료가 뭐길래 그렇게 맛있는지는 생각해 보지 않았다. 그냥 먹었을 뿐. 고소하고 달콤하고 적당히 촉촉한 소보로. 빵을 먹다 궁금해졌다. 소보로는 무엇으로 만들까? 어떻게 만들까?

소보로의 고소한 맛의 정체는 땅콩버터였다. 만드는 과정은 번거로워 보였다. 빵 반죽과 소보로 반죽을 따로 만들어야 했고, 빵 반죽을 1차 발효해서 부풀린 뒤 따로 만들어둔 소보로를 묻혀 2차 발효해서 구워야 했다. 한 번에 되는 게 아니었던 거다. 그래도 해 보고 싶었다. 다른 재료는 다 있지만 땅콩버터가 없었다. 땅콩버터를 사 온 뒤 반죽 시작.

빵 반죽을 먼저 만들어 발효시키고 그동안에 버터와 땅콩버터, 소금, 중력분으로 소보로 반죽을 따로 만든다. 1차 발효된 빵 반죽을 6등분으로 나누어 잠깐 휴지한 뒤, 한쪽 면에 물을 묻혀 준비해둔 소보로 반죽을 꾹 눌러 붙여준다. 그리고 뒤집어 2차 발효한다. 반죽이 2차 발효되는 것을 지켜볼 때부터 가슴이 두근두근했다. 적당히 빵 반죽이 부풀어 오르면서 꾹 눌러 붙여놓은 소보로에 크랙이 생기고 소보로빵 모양이 서서히 드러났기 때문이다. 나는 오븐 팬이 흔들려 소보로 부스러기 하나라도 떨어질까 노심초사하며 발효를 마친 빵 반죽을 천천히 오븐 안으로 밀어 넣었다. 20분 후, 빵이 다 구워졌다. 빵집에서 파는 소보로빵 모양 그대로였다. 와. 이게 정말 되는구나. 맛은? 사 먹는 것보다 훨씬 맛있었다. 내 실력이 뛰어나서가 아니다. 그저 갓 구운 빵이 원래 맛있기 때문이다.

소보로가 가능하다면 단팥빵도 가능하지 않을까? 나는 다음날 단팥빵에 도전했고 역시 성공했다. 역시 맛있었지만, 시판 앙금을 쓴 것이 못내 아쉬웠다. 팥 알갱이가 씹히는 그런 빵이면 좋을 것 같았다. 언젠가는 앙금을 직접 만들어야지 다짐했다. 소보로빵에 단팥빵까지 완성하고 나니 빵의 세계가 다르게 보였다.

빵집 앞을 지나치며 새로운 빵을 볼 때마다 저 빵을 어떻게 만들었을까? 골똘히 생각하는 지경에 이르렀다. 모양만으로 만드는 방법을 상상하기 어려운 것들도 있었지만 대부분 짐작이 갔다. 이건 소보로처럼 쿠키 반죽을 따로 해서 올려 구웠구나, 이건 단팥빵처럼 속을 넣었네. 결국은 기본 빵에 무언가를 넣거나 빵 위에 올려 개성을 만든다. 뼈와 피 그리고 살로 이루어진 인간도 마음이라는 속을 넣거나 영혼이라 불릴 만한 토핑을 얹어 개성이 생기는 건 아닐까 하는 생각에 이르렀다. 사랑하면 알게 되고 알게 되면 보이나니 그때 보이는 것은 전과 같지 않다는 말도 있듯, 무언가 관심을 가지게 되면 이전에는 그냥 스쳐 지나갔던 것들을 더 진지하게 바라보게 된다. 나에게는 지금 빵의 세계가 그러하다. 먹는 사람에서 만드는 사람이 되자 나에겐 다른 세상이 펼쳐졌다.

이것은 내게 여러 번 일어났던 일이다. 읽는 사람에서 쓰는 사람이 되었을 때, 감상하는 사람에서 그리는 사람이 되었을 때, 듣는 사람에서 연주하는 사람이 되었을 때, 나는 변했다. 전문가가 되지 않아도 된다. 단 한 번의 경험이더라도, 지속하지 않는다 해도 괜찮다. 주체가 되어 본 경험은 사람을 늘 바꾼다. 주체가 되었다는 것은 자기 몸을 움직였다는 뜻이고, 몸은 늘 머리보다 더 많은 것을 간직하기 때문이다.

나는 제빵사가 되지는 않을 것이다. 하지만 빵 만들기에 빠져본 이 시간이 나를 더 나은 존재로 만들 것임을 직감한다. 이제야 나는 그동안 생각 없이 먹어온 각각의 빵들이 나름의 역사와 고민, 개성과 이유를 가지고 먹는 사람들의 욕구와 이해관계를 반영하면서 변화 발전해 지금의 모습으로 여기 있는 것임을 어렴풋이 알게 되었다. 세계의 이런 면들을 조금씩 알아가는 것이야말로 성장하는 것이 아닌가. 그러니 지금, 내일은 무슨 빵을 만들까 고민하는 나, 아직도 자라고 있다. 내 아이들이 자라는 것처럼.

땅콩버터는 사 먹는 것이 보통이지만, 사실 간단히 만들어 먹을 수 있다. 땅콩에 소금을 약간 넣고 푸드프로세서나 믹서기로 갈아주기만 하면 된다. 처음에는 곱게 가루로 갈리다가 계속 갈면 점점 되직하게 바뀐다. 믹서기 안쪽 벽에 달라붙기 때문에 한 번씩 믹서기를 열어 벽에 있는 것을 긁어주고 다시 갈아 원하는 농도가 될 때까지 반복한다. 달콤한 것을 원하면 설탕을 넣어 당도를 맞춘다. 보통 땅콩을 먹을 때는 껍질을 까먹지만, 땅콩버터를 만들 때 껍질을 까지 않고 믹서기에 돌리면 껍질의 영양까지 섭취할 수 있다.

팥앙금은 만드는 법은 쉽지만, 시간이 오래 걸린다. 팥 250g 정도를 잘 씻은 뒤 물을 2배 정도 붓고 끓인다. 한 번 바글바글 끓고 나면 약불로 줄여 팥이 으깨질 때까지 끓인다. 중간중간 물을 부어가면서 30분 이상 푹 오래 끓인다. 팥이 삶아지는 냄새가 부엌에 가득 찰 것이다. 한 알 꺼내 손으로 눌러봐서 쉽게 푹 으깨질 정도가 되면 설탕 125g 정도를 넣고 볶듯이 잘 뒤적여 준다. 너무 되직하면 물을 부어 가며 농도를 조절한다. 핸드블렌더를 사용하고, 블렌더가 없으면 숟가락으로 팥을 으깨 원하는 식감으로 조절한다. 팥이 씹히는 맛을 좋아하면 조금 덜 으깨고 부드러운 맛을 원하면 완전히 갈아주면 된다. 시간을 단축하려면 압력밥솥에 팥과 물, 설탕을 한꺼번에 넣고 불에 올리는 방법이 있다. 물이 끓고 솥에서 소리가 난 다음 10분 정도 더 끓여준 뒤 불에서 내려 블렌더로 갈아주면 된다.

나는 냄비에 천천히 끓이는 방식이 좋다. 여유가 좀 있는 새벽이나 오후에 주방에 책을 한 권 가지고 들어가 끓는 팥을 살피면서 읽는 시간이 좋다. 그렇게 팥을 올려놓고 《몬스터 콜스》라는 책을 읽었던 새벽이 선명하다. 감정적으로 강렬한 책이어서인지, 중간중간 팥을 저어주러 가는 덕분에 숨을 돌리며 읽은 것이 오히려 좋은 경험이 되었다. 그런데도 마지막에는 책에 몰입하느라 팥을 태워먹을 뻔하기도 했다.

 '소보로'라는 말은 어디서 왔을까? 빵 하면 프랑스고, 소보로라는 말에 왠지 소르본느를 연상시켜서 프랑스 말일 거 같았다. 그런데 소보로는 일본어였다. そぼろ라는 일본어로 '실과 같은 물건이 흩어져 엉클어져 있는 모양'을 뜻한다. 잘게 다진 쇠고기나 돼지고기, 닭고기 등 고기나 생선, 새우, 달걀 등을 양념해 국물이 없어질 때까지 볶은 일본 음식을 소보로라고 한다니, 아마 포슬포슬 올록볼록한 모양이 비슷해서 소보로빵이라는 이름이 붙은 것 같다. 소보로가 일본어이기 때문에, 순화 차원에서 곰보빵이라고 부르려는 움직임도 있었는데, 곰보는 사람 얼굴이 울퉁불퉁하게 얽은 모양을 뜻하는 것이라서 왠지 부정적인 뉘앙스가 느껴진다. 실제 얼굴이 울퉁불퉁해서 불편한 사람이 곰보빵이라는 이름을 들으면 속상할 것 같다. 빵 먹으며 속상한 사람이 한 명도 없도록 곰보빵 대신 쓸 수 있는 말을 찾고 싶다.

소보로빵

①

전자레인지에
살짝 데운 우유
120mL

이스트 6g

우유 120mL를 레인지에 살짝 돌려
데운 후 이스트 6g을 넣어 섞는다.

②

300g
강력분

소금 5g
설탕 30g

달걀, 버터, 우유를 넣고
3분 정도 치대기

강력분 300g, 설탕 30g, 소금 5g을
잘 섞은 뒤 달걀 1개와 실온에 둔
버터 15g, ①의 우유를 넣고 3분 정도 치댄다.

③

1시간 1차 발효

젖은 면포

반죽을 볼에 넣고 젖은 면포를
덮어 1시간가량 1차 발효한다.

④

[소보로 반죽]
1) 실온의 말랑한 버터 45g, 땅콩버터 15g,
설탕 50g, 소금 2g을 잘 섞는다.
2) 중력분 120g, 베이킹소다 3g을 넣어 포슬한
상태가 되도록 버무린다. 반죽이 질면 밀가루를
넣는다. (꿀이나 연유 1스푼을 넣으면 덜 부스러진다.)

⑤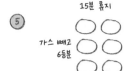

15분 휴지

가스 빼고
6등분

1차 발효가 끝난 반죽의 가스를
빼고 6등분하여 동그랗게 굴려
15분간 휴지한다.

⑥

2/3
물에
담그기

반죽을 꾹 눌러
소보로 묻히기

만들어 놓은 소보로를 팬 바닥에 잘 편다.
동그란 반죽의 아랫부분을 잡고 2/3 부분까지
물에 한 번 담갔다가 뺀다. 소보로에 꾹 눌러
묻히고 뒤집어서 유산지를 깐 팬에 올린다.

180도로 예열된 오븐에 20분 정도 굽는다.
윗면 소보로의 색깔을 보고 굽는 시간을 조절한다.

180도, 20분 정도

단팥빵

소금 3g 설탕 10g   물 170mL+이스트 5g

강력분 300g   손으로 치대고
               1시간 발효

물 170mL를 데워 이스트 5g을 넣고
잘 섞는다. 강력분 300g, 설탕 10g,
소금 3g을 넣고 이스트 섞은 물을 넣는다.
잘 섞어 한 덩어리가 되면 치댄다.
따뜻한 곳에서 1시간쯤 발효한다.

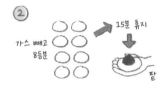

15분 휴지

가스 빼고
8등분

팥

부푼 반죽의 가스를 빼고 8조각으로 나누고,
둥글게 굴려 15분 정도 휴지한다. 반죽을
납작하게 편 뒤 그 안에 팥앙금을 넣고
오므린다. 납작하게 해서 칼집을 내거나,
동그랗게 편 반죽에 앙금을 넣고 반으로 접어
반달로 만들 수 있다. 베이글처럼 반죽을
도톰하게 만든 뒤 가운데 부분을 꾹 눌러도 좋다.

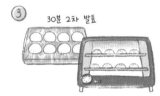

30분 2차 발효

반죽에 비닐을 덮어 30분가량 2차 발효한다. 반죽
표면에 달걀물을 바르고 원하는 곳에 깨를 조금 뿌려
장식한다. 180도로 예열된 오븐에 15분 정도 굽는다.
표면이 매끈하고 짙은 갈색이 될 때까지 굽는다.

180도, 15분 정도

팔
미
에

05
한 겹 한 겹 만듭니다
팔 미 에

종종 바람 쏘이러 들르는 헤이리에 커다란 베이커리 카페가 새로 생겼다. 궁금한 마음에 아이들을 데리고 들어가 보니 내부에 엘리베이터가 있을 만큼 규모가 엄청난 데다가 빵의 종류도 눈이 휘둥그레지게 다양하다. 또 놀라운 것은 가격. 빵이 이렇게 비싼 거였나. 네 식구가 빵 하나 음료 하나를 고르니 금방 사만 원이다. 와우. 딸은 '팔미까레'라는 이름의 빵을 골랐다. 손바닥보다 조금 더 커다랗고 직사각형 모양이다. 겹겹의 페스츄리가 갈색으로 잘 구워진 걸 보니 빵이라기보다는 파이에 가깝다. 2/3 정도는 초콜릿으로 코팅되어서 먹음직스럽기 그지없다. 말하자면 초콜릿 묻은 커다란 엄마손 파이. 한 개 값이 무려 오천 원. 엄마손 파이 두 상자 값이다. 그러나 공장의 대량생산 과자와 파티시에의 영혼이 들어간 파이를 어떻게 비교할 수 있겠는가. 딸이 이 과자를 맛있게 먹으면 파티시에의 영혼도 같이 스며들 것이니 그걸로 충분해, 라고 가까스로 마음을 다잡는데 딸이 말한다.

"그만 먹을래."

헉. 반도 안 먹었는데?

"왜?"

"느끼해. 초콜릿도 너무 달아."

딱 보면 몰라? 이건 느끼하게 생겼잖아. 게다가 초콜릿이 단 건 당연하잖아. 느끼하고 단 빵을 사 놓고 느끼하고 달다고 안 먹다니! 배가 불렀군 불렀어, 라는 말은 겨우 삼켰다. 말을 안 해도 내 눈빛으로 다 알았을 거다. 아이가 이렇게 말한 걸 보면.

"엄마, 죄송해요."

나는 말없이 딸이 남긴 팔미까레를 한 조각 떼어 입에 넣었다. 이런, 달고 느끼하다. 네 말이 맞구나. 왜 이렇게 맛없는 걸 오천 원이나 받는 거야 싶지만 그건 파는 사람 마음이다. 누군가에게는 딱 알맞은 맛인지도 모른다.

그렇다면 만들어볼까? 하지만 엄마손 파이만 해도 포장지에 쓰인 대로라면 384겹. 세상에 수백 겹이 층층이 쌓인 과자를 만들려면 뭘 어떻게 해야 하는 걸까? 뭔가 특별한 재료가 들어가는 걸까? 놀랍게도 재료는 간단했다. 박력분, 버터, 소금, 우유, 설탕 끝.

팔미까레와 팔미에는 만드는 기본적인 방법은 같다. 마지막 성형 단계에서 모양만 달라진다. '팔미에'는 종려나무라는 뜻의 프랑스어다. 과자의 하트 모양이 종려나무 잎과 비슷하다고 하여 붙여진 이름이다. '팔미까레'의 '까레'는 '네모나다'는 뜻의 프랑스어. 그러니까 팔미까레는 네모난 팔미에 라는 뜻인가 추측해 본다. 만들기 간편해 보이고, 초콜릿을 입힐 생각이 없어서 팔미에 쪽을 선택해 보았다.

박력분, 설탕, 소금을 섞은 뒤 냉장 상태의 버터를 콩알만 하게 다져 가루 재료에 코팅하듯 섞는데, 이때 너무 치대서 버터가 녹아서도 덜 다져 버터 덩어리가 너무 커서도 안 된다. 여기에 찬 우유를 약간 넣고 한 덩어리로 잘 뭉쳐주면 반죽 성공. 하지만 시작일 뿐이다. 이제 반죽을 냉동실에 넣었다가 꺼내 밀대로 밀어 접는 일을 몇 차례나 반복해야 한다.

밀대로 밀어 접고 냉동실에 휴지하고 또 꺼내 밀어 접고 다시 냉동실에서 휴지하고를 반복하는 동안 인내심의 한계는 절정에 이르렀다. 과자 하나를 먹는데 이렇게 정성을 쏟아야 한다니. 나는 머릿속으로 계산했다. 처음 3절 접기를 하면 3겹. 다시 3절 접기를 하면 9겹. 그 다음 3절 접기에는 27겹, 그다음에는 81겹. 그 상태에서 마지막에 하트 모양으로 성형하며 대문 접기를 하면 네 배로 겹쳐지니 324겹이다! 곱하기란 어마어마한 것이었다.

324겹이라는 명확한 숫자는 나를 고무시켰다. 길쭉하게 하트 모양이 되도록 성형한 반죽을 1cm 두께로 잘라 오븐 팬에 올리니 딱 20개. 약 2시간 반의 노동의 결과다. 휴지 시간이 20분밖에 안 되니 어디 멀리 가지도 못하고 내내 부엌을 종종거린 터였다. 자, 그럼 구워보자. 오븐 온도가 점점 올라가고 지우개처럼 납작하던 반죽이 옆으로 뚱뚱하게 퍼지고 동시에 고소한 버터 냄새도 주방을 채운다. 기대된다.

땡! 소리가 나자 아이들이 먼저 알고 달려온다. 두 시간 반 걸려 만든 스무 개의 팔미에가 사라지는 데 10분도 안 걸렸다. 행여 맛을 못 볼세라 나도 얼른 집어먹었다. 아, 고소하고 바삭하고 달콤하다. 나는 한창 무아지경에 빠진 딸에게 물어보았다.

"지난번에 우리 빵집 가서 이거랑 똑같은데 네모 모양에 크고 초콜릿 묻은 거 먹었잖아. 그거랑 이거랑 어느 게 더 맛있어?"

하나 마나 한 질문을 해 본다. 듣고 싶으니까. 2시간 반이나 애를 썼다. 나도 이 정도 보상은 필요하다.

"이게 훨씬 맛있어."

딸이 엄지를 치켜올린다.

"다행이네."

나는 다정하게 말하며 속으로 으쓱댔다. 당연하지. 파티시에의 영혼이 담겨 있는걸. 생각해 보니 팔미에의 재료에는 추가해야 하는 것이 있다. 냉동실 그리고 기다림.

크루아상도 팔미에와 비슷한 방법으로 만든다. 다른 점이 있다면 팔미에는 밀가루와 버터를 처음부터 섞어서 반죽하지만, 크루아상은 밀가루 반죽을 따로 만들고 평평하게 민 다음, 그 안에 납작한 버터를 올리고 새어 나오지 않게 잘 감싼 다음 밀고 접기를 반복한다는 것. 반죽으로 감싼 버터가 터지지 않게 조심스럽게 밀고 접는 것을 반복해야 결이 살아있는 크루아상을 만들 수 있다.

①

설탕 15g 소금 2g
깍둑썰기
버터 80g
박력분 100g

박력분 100g에 설탕 15g, 소금 2g을 넣고
섞은 뒤 깍둑썰기한 찬 버터 80g을
섞는다. 버터가 다 녹지 않도록 콩알만 하게
잘라 버터를 밀가루에 코팅한다.

②

우유 50mL
버터 덩어리가 보일
정도로만 뭉치기

어느 정도 섞였으면 찬 우유 50mL를 넣고
섞어 한 덩어리로 뭉친다. 역시 너무 치대지
않고 버터 덩어리가 보일 정도로만 뭉친다.

③

냉동실에 20분

비닐에 담아 냉동실에 넣고
20분간 그대로 둔다.

④

x2 냉동실 20분 휴지

1) 덧가루를 뿌린 작업대에서
밀대로 밀어 직사각형으로 만든다.
2) 길이가 긴 쪽을 위, 아래로 가도록 하고
접어 3겹의 직사각형을 만들기를
반복한다. (3절 접기 2회)
3) 비닐에 넣어 냉동실에서
20분 휴지한다.

⑤

x2

반죽을 꺼내 ④의 과정으로
3절 접기를 2회 한다.

⑥

냉동실 20분 휴지

20분간 냉동실에서 휴지한다.

꺼낸 반죽을 세로 방향으로
길쭉하게 대문 접기하여
반 접어 하트 모양으로 성형한다.

그대로 비닐에 넣어 냉장고에서
20분 휴지한다.

 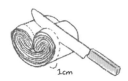

반죽을 꺼내 1cm간격으로 잘라준다.

겉 부분을 설탕에 살짝 굴린 뒤
하트 모양이 보이게 팬닝한다.
결에 따라 부풀어오르기 때문에
간격을 떼어 팬닝해준다.

*팬닝(panning): 성형 반죽을 빵 틀에
채우거나 철판에 나열하는 일

180도, 20분 정도

180도로 예열된 오븐에서
20분가량 굽는다.

감
자
빵

06

감자는 감자가 되고 싶어

감 자 빵

살림에 소질이 없는 나에게 감자는 오랫동안 애증의 식재료였다. 마트에서 감자를 사 국이나 전, 카레 등을 해 먹고 남은 것을 상자에 담아 두면 반드시 잊어버리고 만다. 한참 만에 상자를 열어보면 감자는 쭈글 쭈글해져 있고 손가락만 한 싹이 여기저기 올라와 있는 것이 징그럽다. 물을 주는 것도 햇빛을 비추는 것도 아닌데 왜 이렇게 무섭게 자라나 싶어 의아했고 싹을 다 도려내고 껍질을 깎고 나면 버릴 것이 먹을 것보다 많아 죄책감이 들었다. 다시는 많이 사지 말아야지 다짐하지만, 머리 나쁜 나는 잊어버리고 필요한 것보다 많이 사고 남은 것은 베란다 상자 안으로 들어가고, 그 안에서 다시 싹이 나고의 악순환.

5년 전, 태어나 처음 감자꽃을 직접 보았을 때, 깜짝 놀랐다. 세상에 이렇게 예쁘다니! 봄에 심어놓은 씨감자의 줄기가 두둑을 가득 덮을 때도 꽃이 필 거라고 상상 못했다. 그런데 어느 날 감자밭 초록색 이파리들 위로 하얀 꽃잎에 개나리색 꽃술이 손잡이처럼 볼록 솟은 꽃들이 무리로 피어 있었다. 화병에 꽂아놓고 싶을 만큼 예뻤다. 그해 주말농장을 하면서 처음 알았다. 쑥갓꽃, 고구마꽃, 강낭콩꽃이 얼마나 예쁜지. 쑥갓 꽃은 노란 코스모스 같았고, 고구마 꽃은 나팔꽃처럼 생겼다. 요술 주머니 같은 연보랏빛 강낭콩 꽃은 보기만 해도 가슴이 두근거린다. 도시에 사는 여섯 살, 네 살 아이들이 흙을 조금이라도 만졌으면 하는 바람으로 시작한 주말농장이었다. 하지만 감각이 풍부해지는 쪽은 나였다.

꽃도 꽃이지만 감자는 심을 때부터 나를 놀라게 했다. 씨감자를 심는다고 해 나는 뭔가 특별한 걸 심는 줄 알았다. 지인에게 씨감자 한 봉지를 받아 들고 그 속을 들여다보았을 때. 어? 이건 그냥 감자잖아, 라는 말을 속으로 삼켰다. 무식한 티를 내기 싫었다. 아이들과 함께 읽은 그림책 《감자는 약속을 지켰을까?》를 떠올리며 상식을 총동원했다. 그래, 이 감자를 심으면 뿌리에 감자가 달릴 거야. 감자가 감자되는 거지, 라고 새롭게 깨달은 사실을 혼자 중얼거렸다. 싹틔운 감자를 소독한 칼로 자르고 재를 묻혀 심었다. 두 달쯤 지나자 꽃이 피었다. 그리고 잎이 누레질 즈음 줄기를 뽑았다. 감자 몇 개가 뿌리에 딸려 나왔고, 한편 두둑, 하고 잔뿌리가 끊어지는 느낌이 전해져왔다. 살살 흙을 파헤치니 감자 덩이들이 손에 잡힌다. 와! 흙을 헤집는 아이들 손이 바빠지고 감자를 찾을 때마다 엄마를 부르는 목소리에 흥이 가득하다. 그해 우리가 수확한 감자는 10kg 정도. 열 개 남짓 감자를 심어 얻은 첫 수확치고는 놀라웠다. 집에 돌아오자마자 수확한 감자를 삶았다. 갓 삶아 껍질을 벗긴 감자는 뽀

얇고, 부드럽고, 향기로웠다. 세상에 이렇게 맛있을 수가! 입에서 살살 녹는다는 말을 이럴 때 쓰는 거였다.

감자를 직접 키워보고 나서야 감자 싹이 징그럽지 않았다. 감자는 감자가 되고 싶어서, 더 많은 감자로 거듭나고 싶어서 힘차게 자신을 뚫고 나오는 것뿐. 감자를 심고 거두어 본 건 겨우 한 해, 단 한 번 봄부터 여름까지의 계절을 통과한 것이지만 감자는 나에게 새롭게 각인되었다.

다시 봄, 베란다 종이상자 안에 네 개의 감자가 남아있었다. 뿔 달린 도깨비 머리처럼 뾰족뾰족 싹이 뚫고 나왔다. 감자는 또 감자가 되고 싶은 것이다. 하지만 올해는 농장을 하지 않는다. 미안, 심어줄 수 없어서. 나는 가만히 감자 싹을 도려내며 머리를 굴려본다. 감자로 빵을 만들 수는 없을까? 감자가 감자가 되지 못하더라도 빵이 된다면 왠지 기뻐할 것 같았다. 불쑥 감자빵이 떠오른 것은 얼마 전 영화 〈리틀 포레스트〉를 본 탓. 집 나간 엄마가 다 큰 딸에게 전하는 편지에 어릴 적 만들어 주었던 잊을 수 없는 맛의 감자빵 레시피가 적혀있었다는 에피소드는 나의 마음을 사로잡았다. 도대체 어떤 맛이길래? 나는 얼른 감자 삶을 물을 불에 올렸다.

푹 삶은 감자와 밀가루, 물, 설탕, 소금, 이스트를 넣고 잘 섞어 반죽하다가 올리브유를 넣고 잘 스며들게 한 다음 1차 발효. 가스를 빼고 둥글넓적하게 모양을 잡아준 뒤 2차 발효. 그리고 오븐에 넣어 굽는다. 구워지는 동안 구

수한 감자 냄새가 집안에 퍼졌다. 다 구워진
감자빵은? 쫀득하면서 촉촉하고 바삭하면서
고소하다. 세상에 겨우 재료 하나 더 넣었을
뿐인데 이렇게 다른 빵이 될 수 있다니!

　복잡할 것 없다. 빵 반죽에 으깬 감자를
넣으면 감자빵이 된다. 아직 요리되지 않은
감자들은? 다시 감자가 되고 싶다. 싹이 그 증거다. 어쩌면 모든 건 이
렇게 단순하고 명쾌한 건지도 모른다고 생각하며 바삭하고 쫀득한 감자
빵을 한입 더 베어 문다. 아아, 맛있다.

　감자빵, 고구마빵, 단호박빵, 쑥빵. 부재료를 넣어 반죽을 만드는
건 얼핏 까다롭게 느껴지지만 그렇지 않다. 익힌 부재료를 잘 으
깬 반죽에 넣어 섞고 반죽을 만든 뒤 발효를 거쳐 구우면 된다. 문제는 부
재료가 수분을 얼마나 포함했는지에 따라 밀가루 함량을 조절하는 것이
다. 감자도 촉촉한 것이 있는가 하면 퍽퍽한 것이 있다. 그래서 레시피를
기본으로 하되 반죽의 상태에 따라 밀가루를 가감하여 적당한 수분 농도
를 맞추어 주어야 한다.

①

감자 으깬 것
250g

푹 삶은 감자를 250g 준비해서 잘 으깬다.

②

이스트 7g   물 140mL
소금 5g   25g
강력분   설탕
350g
올리브유 25g

으깬 감자에 강력분 350g과 설탕 25g,
소금 5g, 이스트 7g, 물 140mL를 넣고
한 덩어리로 섞는다. 올리브유 25g을 넣고
반죽에 잘 스며들도록 치댄다.

③

반죽이 두 배로 부풀 때까지

따뜻한 곳에서 반죽이 2배로 부풀 때까지
1차 발효한다. 가스를 빼고 15분 정도 중간
발효해준 뒤 덧가루를 뿌리고 스크래퍼로
6개로 나누어 둥글게 성형하여
팬닝하고 2차 발효한다.

④

2차 발효

2차 발효가 끝난 뒤 반죽에 덧가루를
뿌리고 십자 무늬로 칼집을 낸다.

⑤

200도로 예열된 오븐에서
20분 정도 굽는다.

베이비슈

07

왜 가슴이 두근거리지?

베이비슈

　한동안 매일 새로운 간식거리를 만들다 보니 밤이 되면 아이들이 물어왔다. 엄마, 내일은 뭐 만들어 줄 거야? 의욕이 넘치던 시기에는 아이들이 물어보자마자 내일은 이걸 만들 거야, 라고 눈을 반짝거리며 대답할 수 있었지만 나는 40대. 의욕은 새벽녘 쌓인 눈이 아침볕을 받는 것처럼 순식간에 사라지고 만다. 대답할 게 없을 때는 되묻는 게 최고다. 너희는 뭐가 먹고 싶은데?

　"뭐가 먹고 싶냐고? 길쭉한 막대사탕, 주먹보다 더 큰 초콜릿, 병아리 모양 솜사탕, 눈처럼 하얀 마시멜로, 쭉쭉 늘어나는 치즈."

　"그만그만. 얘들아, 엄마가 만들 수 있는 걸 말해야지. 과자나 빵이나 그런 거."

　"과자나 빵? 초코송이, 빼빼로, 홈런볼……."

"아니 아니, 초콜릿 안 들어간 걸로!"

이쯤 되면 내가 민망하다. 다 안 된다고 할 거면 먹고 싶은 건 왜 물어보냐 말이지. 아이들 말문을 막고 나서 슬그머니 홈런볼이 먹고 싶어진 쪽은 나. 홈런볼은 어떻게 그렇게 입에서 사르르 녹는 걸까? 한입에 쏙 넣기도 하고, 입안에서 부드럽고 달콤하게 녹아내리는 식감이 신기해서 앞니로 반을 똑 잘라 안을 단면을 구경하기도 한다. 별거 없다. 과자 속에 초콜릿이 들어있을 뿐.

그러고 보니 홈런볼이 베이비슈다. 그 둘이 같은 종류라는 걸 새삼 깨닫고 혼자 조금 흥분했다. 빵집에 가면 항상 냉장고 안에 들어있던 베이비슈. 폭신하고 부드러운 슈 안에 차가운 생크림이 들어있었지. 신혼 때 자주 가던 빵집, 냉장 보관을 해야 해서 그랬는지 사장님은 슈를 많이 만들어 놓지 않으셨다. 그래서 밤늦게 빵집에 갔는데도 베이비슈가 남아있으면 행운처럼 느껴져 꼭 사 오곤 했다. 여기까지 생각하니 만들어 보고 싶어졌다. 무슨 재료가 필요할까? 집에서도 만들 수 있지 않을까? 앗, 그런데 냄비가 필요하다고?

냄비에 물, 버터 소금을 넣고 끓인다. 맹물에 버터를 넣어 끓이다니. 처음부터 낯설다. 바글바글 끓으면 바로 불을 끄고 밀가루를 넣어 잘 섞어준다. 한 덩어리로 섞이면 중불로 약 2~3분 정도, 냄비 바닥에 흰 막이 생길 때까지 볶는다. 냄비 바닥에 흰 막이 생겼다는 것은 반죽의 녹말 성질이 변했다는 것. 반죽을 볼에 꺼내 담고 달걀물을 조금씩 넣어 섞어 되직하게 만들어 준 뒤, 이 반죽을 유산지를 깐 팬 위에 동그랗게 짜서 오븐에 굽는다. 다 구워지면 한 김 식혀 젓가락으로 바닥에 구멍을 뚫고 속 재료를 넣는다.

새로운 간식을 기다리는 어린이들에게 홈런볼을 만들어 주겠다고 큰 소리를 치기는 했는데, 처음 만들었을 때는 500원짜리 동전만 하게 짜는 게 어려워서 그보다 커져 버리고 말았다. 주먹보다 조금 작은 슈에 가득 초콜릿을 채워 넣을 수는 없으니, 생크림에 코코아 파우더를 섞어 초콜릿 생크림을 만들어 슈 안에 짜 넣었다. 세상에, 초콜릿 생크림이 들어간 베이비슈를 내가 만들다니. 감격해서 아이들을 주방으로 불러 모으는데, 어린이들은 내 첫 작품을 보고도 시큰둥. 아이들은 정말 홈.런.볼.을 원한 것이다. 겉모습부터 홈런볼과는 딴판이라고 여겼다. 내가 이건 홈런볼이랑 똑같은 것이며 안에는 믿을 수 없을 만큼 맛있는 초콜릿 생크림이 들어있다고 해도 소용없다.

"이건 너무 크잖아!"

"크면 더 좋지. 맛있다니까!"

"이건 홈런볼이 아닌데."

"일단 먹어봐. 한번 먹어보고 말을 하라니까."

아이들이 하나씩 들고 먹는다. 맛있지? 맛있지? 하며 재촉해 묻고 싶은 걸 꾹 참는다. 맛이 없는 건 아니지만 이걸 원한 건 아닙니다, 라는 표정이 역력하다. 딸이 잠깐 뜸을 들이다가 입을 연다.

"엄마, 그러니까 이건 초콜릿 생크림이 들어간 조금 큰 홈런볼이라고 할 수 있겠네?"

딸의 말에 그야말로 빵 터졌다. 그렇구나! 맛있고 맛없고를 따지기 전에, 아이는 이것이 무엇인지 명명하고 싶었던 것이다. 나는 웃으며 말했다.

"맞아, 이건 초콜릿 생크림이 들어간 조금 큰 홈런볼이야."

그날 밤 자려고 누웠는데, 짤주머니를 꾹 눌러 트레이에 짤 때의 감각, 오븐 안에서 슝 부풀어 오르던 반죽을 볼 때의 떨림이 자꾸만 되살아났다. 한 번 더 만들어 보고 싶다는 생각이 간절했다. 전염병이 무서워 현관 밖을 나서지도 못하는 날들이었기에 새로운 감각은 더 생생하게 몸에 새겨진 것인지도 모른다. 약간 중독자가 된 것 같았다. 눈을 감으면 오븐이 보였다. 이런 병도 있나? 하지만 야밤에 슈를 만들지 않을 정도의 자각은 필요하다. 꾹 참고 자고 일어난 다음 날, 눈을 뜨자마자 출근 준비를 하는 남편에게 말했다.

"여보, 내가 오늘 베이비슈 만들어 놓을 테니까 저녁에 와서 먹어!"

두어 번 더 만들고 나니 이제 반죽을 트레이에 짜는 것도, 바닥에 구멍을 뚫어 크림을 넣는 것도 조금 더 익숙해졌다. 모양도 균일해졌고 초콜릿을 넣을 때 양 조절을 못해 밖으로 새어 나오는 일도 드물어졌다. 전반적으로 실력이 좋아진 것이다. 그런데 이상하게도 기쁨은 조금씩 줄어들었다. 베이비슈 한 판을 예쁘게 완성한 뒤에 찾아오는 성취감이 사라진 것은 아니다. 하지만 아, 또 만들고 싶어, 반죽이 부풀어 오르는 거 또보고 싶어, 그야말로 순수한 간절함은 더 이상 맛볼 수 없었다. 노력해도 불가능했다. 그러므로 인생에 불쑥 찾아와 가슴을 뛰게 하는 모든 처음은 얼마나 소중한지. 나는 이제 '생각' 속에만 남아있는 베이비슈의 첫 설렘을 가만히 음미해 본다.

베이비슈에 들어가는 필링은 생크림을 쓰기도 하고 커스터드 크림을 쓰기도 한다. 좋아하는 것으로 취향에 맞게 넣으면 된다. 버터, 설탕, 밀가루를 섞어 쿠키 반죽을 만든 뒤 얇게 밀어 슈 반죽 위에 올려 구우면 촉촉한 슈와 바삭한 쿠키를 함께 즐길 수 있는 쿠키 슈가 된다. 베이비슈와 비슷한 프랑스 디저트로는 '에끌레어'가 있다. 슈가 반죽을 동그랗게 짜는 것과 달리 에끌레어는 손가락 모양으로 길쭉하게 반죽을 짠다. 슈와 마찬가지로 안에 크림을 넣고 위에 초콜릿 등의 코팅을 장식해 먹는다. 에끌레어는 프랑스어로 '번개'라는 뜻이다. 이 디저트가 너무 맛있어서 번개처럼 먹어 치운다고 해서 붙여진 이름이라고 한다.

① 냄비를 준비한다. 홈런볼에 냄비라니!
뜬금없지만 냄비가 필요하다.

② 냄비에 물 90mL와 무염버터 40g, 소금 1g을
넣고 끓인다. 바글바글 끓으면 불을 끄고
박력분 60g을 넣은 뒤 잘 섞는다.

흰 막이
생길 때까지
1~2분 볶기

③ 한 덩어리로 섞이면 다시 약불로 볶는다.
냄비 바닥에 흰 막이 생길 때까지 약 1~2분
정도 볶는다. 녹말에 열을 가해 성질을
변하게 하는 '호화' 과정이다.

달걀물 90mL

④ 한 덩어리가 된 반죽을 볼에 옮긴다. 풀어 둔
90mL가량의 달걀물을 조금씩 넣어서 섞는
다. 스페출라로 반죽을 들어 올렸을 때
되직하게 달라붙어 있는 정도면 된다.

⑤ 짤주머니에 넣어 간격을 두고 나란히 500원
동전 크기로 짠다. 분무기로 물을 뿌리고 뾰족
하게 솟은 부분을 살짝 눌러준다.

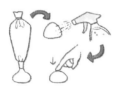

180도, 20분

⑥ 180도로 예열된 오븐에 20분 굽는다.
겉면에 버터가 자글자글 끓어오르면서
풍선에 바람이 들어가듯 슙 하고
커지는 순간이 감격스럽다.

다크초콜릿:생크림
1:1

⑦ 한 김 식힌 뒤 아랫부분에 구멍을 뚫어 초콜릿을 넣는다.
다크초콜릿과 생크림을 1:1로 담아 스테인리스 볼에
중탕으로 녹인다. 구멍이 작은 깍지를 끼운
짤주머니에 넣고 빵에 짜 넣는다.

파운드케이크

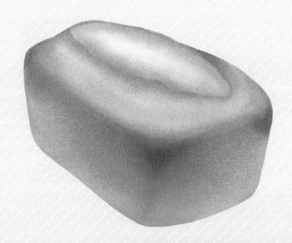

08

완벽한 공평함은 가능할까?

파 운 드 케 이 크

"엄마, 내가 더 좋아 동생이 더 좋아?"

이런 쓸데없는 물음을 십 년 가까이 들어야 하는 것이 엄마라는 직업이다. 처음에는 너희는 둘 다 엄마 배에서 태어났으며 그러니 둘 다 똑.같.이. 사랑한다는, 그야말로 하나 마나 한 대답을 했다. 직업적 스킬이 부족했던 시절의 이야기다. 하지만 아이들은 늘 엄마를 성장시킨다. 언제부턴가 딸은 똑같이 사랑한다고 말해주면 이렇게 되물었다.

"있잖아. 그래도 쪼금이라도 아주 쪼금이라도 더 사랑하는 쪽이 있을 거 아니야. 그게 누구냐고."

이건 뭐 거의 강요에 가깝다. 이 게임은 원하는 대답을 해드려야만 끝이 날것이다. 나는 과장되게 몸을 웅크려 첫째의 귓속에 대고 이렇게 말한다.

"사실은 너를 쪼금 더 사랑해."

이것도 얼마간 먹혔다. 같은 대답을 한 어느 날 첫째는 나에게 강력하게 요구했다.

"정말 나를 더 사랑한다면 그 사실을 동생 앞에서 당당히 밝혀."

헉. 이건 무슨 날벼락이람.

"그럴 순 없지. 왜 그래야 하는데?"

"나를 진짜 더 사랑한다면 그걸 숨길 필요가 없잖아. 그걸 숨긴다는 건 사실은 나를 더 사랑한다는 말이 거짓말이라는 뜻이지!"

증거를 발견한 탐정처럼 득의양양한 첫째를 보며 오, 논리적이네. 언제 이렇게 큰 거야? 감탄한 것도 잠시, 나는 내가 궁지에 몰렸다는 것을 깨달았다. 어떻게 하면 권위를 실추시키지 않고 진실을 납득시킬 것인가. 아, 고단하다.

"너는 엄마가 너만 사랑하면 좋겠어?"

"응. 나는 엄마가 나만 사랑하고 동생은 혼내고 미워하고 그랬으면 좋겠어!"

연극적인 말투. 신나게 과장하고 있다.

"신데렐라에 보면 계모 나오잖아. 거기서 그 엄마가 신데렐라는 막 미워하잖아. 언니들만 좋아하고. 그런 엄마 어떻게 생각해?"

내 의도를 알아차렸는지, 딸은 말없이 내게 눈을 흘긴다.

"그 엄마는 말이야, 신데렐라한테도 나쁜 엄마지만 언니들에게도 나쁜 엄마인 거야."

"왜?"

"누군가를 괴롭히는 사람은 나쁜 사람이야. 어른은 어린이를 차별하면 안 돼. 그 언니들은 나쁜 어른의 모습을 보고 자라고 있어. 그보다 더 나쁜 게 어디 있어? 너는 네 엄마가 그런 나쁜 사람이길 바라는 거야?"

첫째는 내 말을 다 알아들었다. 하지만 수긍하기는 싫은 모양이다.

"나는 엄마 말이 무슨 뜻인지 하나도 모르겠어. 흥. 메롱!"

첫째는 혀를 얄밉게 한번 쏙 내밀더니 눈앞에서 사라졌다. 휴, 일단 위기는 넘겼다.

겨울방학. 종일 붙어 지내야 하는 아이들에게 '똑.같.이.'라는 말을 하루에 백 번쯤 해야 해서였을까? 밀가루, 버터, 달걀, 설탕을 똑같이 1:1:1:1:1로 쓴다는 파운드케이크 레시피가 눈에 들어왔다. 파운드케이크는 영국에서 처음 만들어졌는데 밀가루, 달걀, 설탕, 버터를 각 1파운드씩 사용하였다고 하여 붙여진 이름이다. 1파운드면 450g 정도로 각 재료를 1파운드씩 써서 만들면 보통 사 먹는 롤케이크 크기의 파운드케이크 두 개를 만들 수 있다. 그건 너무 많으니 각 100g의 레시피로 해 보자고 마음먹었다.

재료와 과정으로 보면 이렇게 쉬울 수 있을까? 버터, 설탕, 달걀, 박력분 100g씩과 베이킹소다 순으로 넣어 차례로 섞고 틀에 부어 구우면 끝이다. 그러나 나는 잘 만들지 못하고 망쳤다. 우선 너무 많이 녹은 버터를 사용해서인지 폭신하고 촉촉하지 않았고, 뒤늦게 꺼내놓은 달걀이 차가웠던지 버터와 잘 섞이지 않고 분리 현상이 생겼다. 잘라보니 중간에는 구멍이 뽕뽕 뚫려있다. 보드랍고 결이 고른 파운드케이크여 안녕! 레시피가 간단한 대신 재료들의 정확한 온도를 맞추는 것이 중요했던 것이다. 1:1:1:1이라는 단순함 뒤에 필요한 세심함을 알아채고 나는 한숨을 쉬었다. 세상에는 쉬운 것이 없군.

커피 한 잔을 내려 망친 파운드케이크를 먹는 그 짧은 순간에도 아이들을 온 집을 휘젓고 다니며 놀고 싸우고 소리 지르고 서로 자신이 억울하다고 호소한다. 나는 불쑥 깨달았다. 완벽하게 공평한 사랑 같은 건 없구나. 똑같이 사랑한다는 말만 반복하는 건 무책임한 거구나. 매 순간 세심하게 누구에게 무엇이 더 필요한지 살펴야 하는 거구나. 사건마다 미세한 조정을 통해 균형을 맞추어 가는 거구나. 파운드케이크를 만드는 것처럼. 나는 먹던 빵을 꿀꺽 삼키고 벌떡 일어나 싸우고 있는 어린이들을 향해 가며 외쳤다.

"자, 이번엔 무슨 일이야?"

파운드케이크는 버터, 설탕, 박력분, 달걀을 1:1:1:1의 비율로 사용하는 것이 표준이지만, 우유를 넣고 달걀의 양을 줄이거나, 생크림을 넣어 식감을 더 촉촉하게 만들기도 한다. 설탕의 양을 줄여 당도를 낮춘다든지, 박력분의 양을 줄이고 다른 부재료를 넣어 개성을 살리기도 하니 취향에 맞게 만들어보자.

버터 100g

실온에 두어 말랑해진 버터 100g을
휘퍼로 저어 크림화한다.

3번에 나누어 넣기

설탕 100g

설탕 100g을 세 번에 나누어 넣으며
버터에 잘 섞는다.

달걀 100g
조금씩 넣기

실온에 둔 달걀 100g을
조금씩 넣어 섞는다.

박력분 100g

베이킹파우더 2g

체에 내린 박력분 100g과
베이킹파우더 2g을 반죽에 넣는다.

날가루가 보이지 않고 덩어리가
없도록 반죽을 매끈하게 잘 섞는다.
미리 버터를 발라 냉장실에 넣어놓은
파운드케이크 틀에 천천히 부어준다.

170도, 40분

170도로 예열한 오븐에서
40분 정도 굽는다.

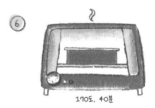

초
코
브
라
우
니

09

당이 필요합니다

초 코 브 라 우 니

대학 때 일이다. 소설론 시간이었다. 교수님께서 말씀하셨다. 시인은 좀 게을러도 돼요. 시란 순간의 이미지를 포착하는 거니까. 게으르다가도 순식간에 반짝 시를 쓸 수 있어요. 하지만 소설가는 달라요. 소설가는 부지런해야 해요. 조사해야 할 것도 많고 공부할 것도 많아요. 많이 돌아다니고 끊임없이 써야 해요. 그래서 소설가 중에는 뚱뚱한 사람이 없어요. 평생을 과체중으로 살아온 동시에 소설가 지망생이던 나는 절망했다. 아, 난 천성부터 소설가 감은 아닌가 봐. 한동안이지만 나는 의기소침해졌다. 시간이 흐르고 여전히 과체중이지만, 어쨌든 나는 동화작가가 되었고, 글쓰기는 내게 가장 중요한 일이다. 나는 아직 궁금하다. 원래 글을 쓰면 살이 찌지 않나?

글 쓰는 건 힘들다. 그래서 나는 작업 중엔 나에게 잘 대해준다. 마치 시험 기간 중에 공부 이외의 다른 일들을 좀 느슨하게 처리하는 것처럼 쓰는 것 말고 다른 일에는 좀 허술하게 구는 것이다. 흐름이 끊기거나 아이디어가 떠오르지 않을 때, 저절로 사탕이나 초콜릿 같은 것에 손이 가는 것을 도저히 막을 수 없다. 비록 뇌만 움직인다지만 에너지 소모는 엄청나서 당을 넣어줘, 당을 넣어줘, 그래야 다음 장면이 떠오를 거야, 라고 온몸이 외친다. 동시에, 한심하구나. 그건 핑계고 의지 부족일 뿐. 세상에는 너처럼 사탕을 퍼먹지 않고도 글을 잘 쓰는 사람들이 얼마든지 있단다, 라는 내면의 비난도 아프게 나를 찌른다.

　어느 날 존경하는 C 선생님과 이야기를 나누다가 선생님 역시 작업을 하실 때는 찬장에 초콜릿을 저장해 두신다는 걸 알게 되었다. 막힐 때는 당 보충밖에 방법이 없다는 말씀을 듣고서야, 후유, 나만 그런 게 아니구나! 안도했다. 또 한번은 탄수화물과 당을 제한하는 다이어트를 하고 있는 선배와 통화를 했다. 선배의 말인즉슨 생각이 잘 안 난다고, 문장이 떠오르지를 않는다고 했다. 몸도 가볍고 다른 일상생활을 하는 데 지장이 없지만, 글을 쓰는 건 안 된다고. 뇌가 가동되려면 당이 들어가야 하는 거라고, 역시 설탕의 힘으로 자판을 두드리는 거였다고. 아아아, 역시 그런 거였어. 나는 의지박약이 아니었어. 별것도 아니지만 해방감을 느꼈다. 물론 세상에는 여전히 달콤한 것을 퍼먹지 않고도 멋진 문장을 쓸 수 있는 사람들이 수두룩하지만, 글 쓰는 데 당이 필요하다고 확실하게 말하는 사람들도 있으니, 나는 그편에 속하면 그만이다.

　그런 의미에서 오늘은 초코브라우니를 구워볼까? 오늘까지 어떻게든 마쳐야 할 원고가 있다. 확실하게 당의 도움이 필요하다.

볼 한 개에 다크초콜릿과 버터를 중탕으로 녹이고 다른 볼에는 달걀 푼 물에 설탕을 잘 녹여준다. 녹인 초콜릿과 달걀물을 잘 섞은 다음 박력분도 넣고 섞는다. 다 섞은 반죽을 오븐에 넣고 구우면 꾸덕꾸덕한 초코 브라우니 완성!

완성된 브라우니는 한 김 식힌 후 냉장고에 2~3시간 굳혀 잘라먹으면 최고. 직사각형으로 잘라 그릇에 올리고 슈가파우더나 초콜릿파우더를 뿌려도 좋고, 바닐라아이스크림과 함께 먹어도 맛있다. 달콤 위에 달콤이랄까. 칼로리를 생각하면 길티 플레저다. 하지만 칼로리 따위를 생각하지 않는 것이야말로 진짜 보상. 기쁨을 그냥 누릴 것. 커피 한 잔과 함께 브라우니를 먹는다. 커피 향과 초콜릿 향이 섞이며 미각뿐 아니라 후각도 즐겁다. 그래서 그날 원고는 완성했느냐고? 당연하다. 보상을 미리 받았으면 최선을 다해야 한다. 그래야 다음 보상도 주저 없이 가능한 선순환이 일어난다. 맛있게 먹고 열심히 쓰는 것. 내게는 그것이 인생.

순식간에 기분을 확 끌어올려 줄 수 있는 또 하나의 디저트가 바로 이탈리아의 대표 요리인 '티라미수'다. 커피에 적신 촉촉한 빵과 부드러운 크림의 조화가 환상적이다! 생각보다 만들기도 간단하다. '사보이아르디'라고 하는 손가락 모양의 길쭉한 빵과 '마스카르포네' 치즈 그리고 설탕, 달걀, 커피가 필요하다. 마지막에 뿌려주는 코코아가루도 잊으면 안 된다. 사보이아르디를 에스프레소에 적셔 그릇 바닥에 깔고 흰자와 설탕을 섞어 만든 머랭에 노른자와 마스카르포네 치즈를 잘 섞은 크림을 올려준다. 취향에 따라 사보이아르디를 한 겹 더 깔고, 크림을 한 겹 더 올려주어도 좋다. 그릇에 가득 채운 티라미수는 냉장고에 3시간 정도 넣어 놓았다가 먹기 직전에 꺼내 코코아가루를 뿌린다. 숟가락으로 크게 떠서 한입에 쏙 넣으면 사르르 녹는다. 굽지 않아도 되는 디저트라서 오븐이 없어도 도전해 볼 수 있다.

① 버터 80g   다크초콜릿 120g

다크초콜릿 120g과 버터 80g을 볼에 넣고
뜨거운 물 위에 얹어 중탕으로 녹인다.

② 설탕 50g   소금 1g

다른 볼에 달걀 두 개를 깨서 잘 섞고
설탕 50g과 소금 1g 넣고 섞는다.
설탕을 완전히 녹여준다.

③ 초콜릿 & 버터   바닐라 익스트랙 5~6방울

설탕이 완전히 녹았으면 초콜릿과
버터 녹인 것을 두 번에 나누어 부어가며
잘 섞는다. 매끄럽고 찰진 상태가 될 때까지
섞은 뒤 바닐라 익스트랙(비린내 제거)을
5~6방울 떨어트려 섞는다.

④ 박력분 65g   베이킹파우더 3g   살살 섞기

반죽에 채친 박력분 65g과 베이킹파우더
3g을 넣고 섞어준다. 세게 섞지 않고
살살 섞어야 부드러운 식감이 된다.

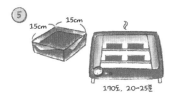

⑤ 15cm 15cm 15cm   170도, 20~25분

원하는 틀에 붓고 170도로 예열된 오븐에
20~25분 정도 굽는다.

공갈빵

10

먹을 거 가지고 장난하지 말라지만

공 갈 빵

우리가 사는 빌라 단지를 빠져나가 큰길 하나만 건너면 농수산물유통센터가 있다. 식자재 마트와 꽃 시장까지 가까이 있다 보니, 아이들이 지금보다 더 어릴 때 유모차 밀고 산책 삼아 자주 갔다. 특히 무더운 여름에는 에어컨 바람을 찾아 하루에 두세 번씩도 드나들었다. 어찌나 자주 갔는지 꽃 시장에서 일하시는 이모들이 얼굴을 기억해 오가며 인사는 기본. 나중에는 얼른 애들 키워 놓고 꽃 시장에 나와 일해 보라는 이야기도 들었다.

함께하는 나들이지만 서로에게 기쁨이 달라서, 나는 내 맘에 쏙 들어오는 알록달록 꽃들을 들일까 말까 고민하느라 정신이 없고, 어린이들은 꽃 시장 입구 애완동물 가게의 햄스터와 고슴도치, 새와 금붕어 앞에서 눈을 떼지 못한다. 아이 둘을 데리고 마트에 다니고서야 확실히 알았다. 모든 인간은 자기만의 욕구가 있다. 내가 먹고 싶은 것, 내가 갖고 싶은 것, 내가 보고 싶은 것, 내가 만지고 싶은 것. 그 고유함은 무엇으로도 바꿀 수 없다.

동물들을 끝없이 보고 싶은 아이들을 달래 장을 보러 마트로 들어가면 새로운 모험이 기다리고 있다. 장난감 구경을 하고 싶어 하는 아이들과 얼른 필요한 물건을 사고 쇼핑을 끝내고 싶어 하는 엄마의 전쟁. 장을 보는 것도 집중이 필요한 노동이라서 카트에 타고 싶다는 둥, 이 우유가 아니라 저 우유를 사라는 둥 참견하는 어린이들을 내 정신이 견딜 수 있는 날이 있는가 하면 도저히 감당이 안 되는 날도 있다. 나는 위험한 문장을 내뱉고 만다.

"가서 장난감 구경하고 있어."

어린이들은 장난감 코너로 쌩하니 사라진다. 눈앞에서 아이들이 사라졌다. 이제 편안히 생각이라는 걸 하면서 물건을 고를 수 있다. 국산인지 수입인지, 100g당 얼마인지, 몇 %나 세일을 하는지 같은 단순하면서도 나를 합리적인 인간으로 느끼게 하는 생각들. 혼자 호젓하게 카트를 밀고 있으면 숲속을 걷기라도 하는 것 같지만, 곧 힘든 시간이 찾아온다. 장을 다 보고 장난감 코너로 가면 아이들은 이미 어떤 장난감과 사랑에 빠졌다. 서로 내 손을 잡아끌고 이 팽이를 봐라, 이 인형을 봐라, 할 말이 많다. 문제는 어쩌면 나인데, 절대 안 돼, 꿈도 꾸지 마, 구경만 하기로 했잖아. 딱 잘라 말해야 아이들도 쉽게 포기가 되는데, 엄마 이건 울트라야, 이건 차 문이 열리는 거야. 나란히 쪼그려 앉아 설명을 듣고 있자면, 와, 진짜 멋지다. 갖고 싶겠는걸, 싶은 마음이 스멀스멀 올라온다. 물론 똑똑한 어린이들은 그 순간을 놓치지 않고 잡아채 물고 늘어지고 포기하지 않는다. 피곤하다. 그깟 거 하나 사주고 말까. 그러게 아까 좀 힘들어도 데리고 다니지 왜 장난감 코너에 떼 놓아서 이 고생을 해? 조삼모사잖아. 하지만 마트에 올 때마다 장난감을 사 줄 수는 없으니까 결국에는 단념시켜야 한다. 어르고 달래고 설명하고 화도 조금 내다가 마지막으로 하는 말.

"가자, 엄마가 공갈빵 사줄게."

처음에는 저항하지만 내가 무서운 표정을 지어 보이면 자칫 공갈빵마저 못 얻어먹을지 모른다는 생각에서인지 얌전히 따라온다. 마트에는 즉석 음식 코너 근처에 빵집이 있는데 거기서 공갈빵을 팔았다. 공갈빵은 하나에 1,500원. 공처럼 부푼 공갈빵을 살 때는 환경문제를 잠시 접어두고 빵 하나당 비닐 하나씩 따로 담아달라고 부탁한다. 아이들 손에 공갈빵이 든 비닐을 하나씩 쥐어 주면 아이들은 주먹으로 빵을 내리쳐 부수어 조각으로 만든다. 그리고 달콤한 설탕이 코팅된 과자 조각을 신나게 집어먹는다. 아이들은 장난감을 잊고 공갈빵에 몰입한다. 행복해 보인다. 이게 뭐가 그렇게 좋은 걸까?

누나, 나는 완전히 부서졌다! 야, 내 것 봐. 사람 얼굴 모양이야. 서로 비교하며 깔깔거리는 아이들을 보면서 부풀어 오른 바삭한 빵을 제 힘으로 부수고 조각을 비교하는 일이 장난감을 가지고 노는 것과 비슷하다는 사실을 깨달았다. 먹을 거로 장난치지 말라지만, 사실 먹을 걸로 장난치는 것만큼 재미있는 게 또 어디 있나. 식빵을 조물락거려 떡으로 만들고, 기껏 언 아이스크림을 녹여 설탕물을 만들어 마시고, 뻥튀기에 눈

코 입 뚫어 가면 만들고. 세상에서 제일 신나는 일인 것처럼 깔깔거리는 어린이들. 그래, 너희에게도 너희의 즐거움이 필요하지. 그렇게 해서 우리 쇼핑의 맨 마지막 코스는 늘 당연하게 공갈빵이 되었더랬다.

그런데 어느 날 마트에 가보니 그 빵집이 사라지고 없었다. 우리는 더이상 공갈빵을 먹을 수 없었다. 군것질거리는 많다. 아이들은 더 자랐고 금방 다른 먹거리를 찾았으며 비닐봉지 하나씩 공갈빵을 넣고 부수어 먹으며 깔깔거리던 시간은 잊었다. 하지만 나는 종종 떠올랐다. 공갈빵, 만들어 볼 수는 없을까? 반죽은 의외로 간단했다.

물과 중력분, 이스트를 섞어 손 반죽하고 기름을 넣어 잘 흡수되게 한 다음 1, 2차 발효해 준다. 발효를 마친 반죽에 흑설탕과 계피 땅콩 등을 섞은 소를 넣어 잘 오므리고 터지지 않게 밀대로 얇게 밀어 오븐에서 굽는다.

8개를 구웠는데, 파는 것처럼 봉긋하고 바삭하게 부풀어 오른 것은 3개뿐. 터져서 설탕물이 다 흘러나오기도 하고, 처음부터 반죽에 구멍이 있었는지 충분히 부풀지 않기도 했다. 두껍게 밀려서 빵처럼 두툼해지기도 했다. 역시 돈 주고 사 먹는 데는 이유가 있었다. 모양은 기대에 못 미치지만 달콤하고 맛있다. 순식간에 몇 년 전으로 시간 여행. 유모차를 밀며 아이 둘을 데리고 장을 보고 돌아오며 오도독오도독 공갈빵을 깨물어 먹던 시절로 돌아간 기분이다. 얘들아, 엄마가 공갈빵 만들었어! 와서 먹어! 나는 신나서 외친다. 하지만 아이들은 계피 냄새가 심하다며 조금 뜯어먹고는 휘리릭 사라져 버렸다. 이상하다. 분명 마트에서 사 먹던 공갈빵에서도 계피 향이 났었는데. 아이들이 조금 뜯어먹고 남긴 공갈빵을 커피 한 잔과 함께 먹으면서 생각한다. 추억이 필요한 쪽은 언제나 아이가 아니라 어른이구나. 너희는 현재를 살렴. 지난 일은 엄마가 기억하고 있다가, 추억이 필요한 순간에 꺼내서 보여줄게.

 반죽하기가 번거로울 때는 토르티야를 사용해서 간단히 호떡을 만들 수 있다. 시판 토르티야 1장을 프라이팬에 올리고 한쪽 부분에만 설탕과 땅콩 등의 소를 올리고 접어준 뒤 앞뒤로 구워준다. 토르티야 반죽이 얇으니 따로 기름을 두르지 않아도 된다. 깔끔하게 만들고 싶다면 가장자리 부분에 물을 묻혀 접으면 접힌 부분이 잘 떨어지지 않는다. 다 구워진 토르티야 호떡은 먹기 좋게 부채꼴 모양으로 잘라 먹는다.

① 미지근한 물 130g에
이스트 3g을 넣어 섞어둔다.

② 중력분 260g에 소금 한 꼬집, 이스트를
섞은 물을 넣고 섞어 한 덩어리로 만든다.
3~5분 정도 손 반죽을 한다.

③ 만들어진 반죽에 올리브유 8g을
넣고 매끈해지도록 잘 반죽한다.

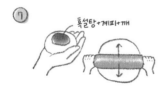

④ 반죽이 2배로 부풀 때까지 1차 발효한다.

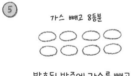

⑤ 발효된 반죽에 가스를 빼고
8등분으로 나눈다.

⑥ 나눈 반죽을 공모양으로 둥그렇게
반죽하고 40분 정도 2차 발효한다.

⑦ 2차 발효된 반죽을 손바닥 위에 올려놓고
소(흑설탕, 계피와 깨 약간)를 넣는다.
잘 오므린 뒤 덧가루를 뿌린 도마 위에
놓고 밀대로 민다. 끝부분까지 얇게 밀어야
구웠을 때 봉긋하고 바삭한 공갈빵이 된다.

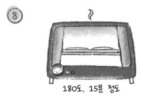

⑧ 보통의 가정용 오븐이라면 빵이
부풀어오르는 것을 감안할 때 한 번에
두 개를 구울 수 있다. 반죽 가운데에
물을 살짝 바르고 검은깨를 몇 개 붙인다.
180도로 예열된 오븐에 15분 정도 굽는다.

식
빵

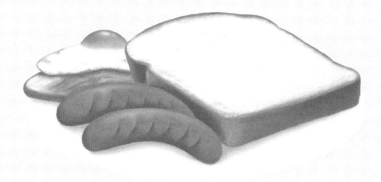

11

하울의 아침 식사를 하고 싶어요

식 빵

우리 집 어린이들은 스튜디오 지브리의 애니메이션을 '먹고' 자랐다. 보면서 자랐다는 말로는 부족하다. 〈이웃집 토토로〉에서 시작하여 〈마녀 배달부 키키〉, 〈고양이의 보은〉, 〈센과 치히로의 행방불명〉 등을 몇 번이고 반복해서 보고 보고 또 봤다. 토토로를 너무 사랑한 딸은 4살 크리스마스 선물로 토토로 인형을 원했다. 나는 안 되는 실력으로 직접 바느질해 만들어 주기도 했다. 〈마녀 배달부 키키〉를 보고 나서는 비슷한 옷을 찾아 입고 빗자루를 타고 날아다니는 시늉을 했다. 〈고양이의 보은〉을 보고 고양이 무타의 그림을 몇 번이고 그리기도 했다. 나 역시 지브리 애니메이션을 사랑한다. 나의 최애 작품은 역시 〈하울의 움직이는 성〉. 몇 번을 봐도 가슴이 뭉클하다. 소피와 하울이 하늘을 나는 장면의 설렘. 소피가 순식간에 할머니로 변해 버리는 순간의 아찔함. 온갖 역경을 겪으면서도 끝까지 서로를 향한 믿음을 잃지 않는 두 사람이 주는 먹먹한 감동. 하지만 하울이 자신의 깊은 어둠을 만나는 장면은 어린이들이 보기에 좀 세다. 두 아이가 일곱 살, 다섯 살일 때 한번 보여주었는데 그 분위기에 압도되어 한동안 무서워했다. 몇 년이 지나 그 정도 어둠은 소화할 수 있게 되어 이제 편안하게 감상한다. 이럴 땐 확실히 아이들이 자라고 있다는 것을 실감한다. 분명하게 크고 있다. 전에 하지 못했던 것을 해 낸다. 멋진 일이다. 그러나 그때의 무서움이 다시 찾아올까 봐 조심스럽게 묻는다.

"너희 어렸을 때, 저 장면 엄청나게 무서워했어. 하울이 새가 되어 돌아오고 하울의 슬픔이 집안에 가득 차는 저 장면. 지금은 괜찮아?"

"응, 이제 아무렇지도 않아!"

"안 무서워!"

두 아이는 시선은 화면에 고정한 채로 아무렇지도 않다는 듯 입만 움직여 대답한다. 즐기고 있구나. 그럼 됐지. 다 보고 나서 딸아이가 쭈뼛거리며 부엌을 알짱거린다. 할 말이 있는 눈치.

"왜?"

"있잖아. 가능할지 모르겠는데……."

가능할지 모르겠다니, 저런 말투는 어디서 배운 거야? 나는 속으로 웃는다.

"뭐?"

"그 하울이랑 소피랑 마르클이 먹는 그 아침 식사 말이야."

아침 식사? 그게 뭐지? 고개를 갸웃하자 딸이 설명을 덧붙인다.

"베이컨이랑 달걀프라이를 한 접시에 놓고 빵이랑 먹는 그 아침 식사 있잖아."

어렴풋이 떠오른다. 할머니가 된 소피가 하울의 집에서 캘시퍼를 이용해 베이컨을 구우려고 할 때 하울이 들어와 프라이팬을 잡아 쥐고 척척 아침을 차린다.

"그렇게 먹어보고 싶어. 내일 아침에 똑같이 좀 해 줄 수 있어?"

아니 그걸 왜? 라는 말은 꾹 삼켰다. 뭘 해 보고 싶은 데에 이유는 없다. 그냥 해 보고 싶은 것이니까. 무서워 못 보겠다고 품을 파고들던 게 엊그저께 같은데, 세상 진지하게 하울의 아침 식사를 요구한다. 장난은 아닌 것 같다. 알았어. 한번 해 볼게. 영상을 다시 보니 둥근 빵은 호밀빵인 듯. 자, 이건 식빵으로 하자. 그 정도는 괜찮지? 응. 괜찮아. 협상 끝. 딸은 기대를 가득 품은 얼굴로 부엌에서 나갔다.

〈하울의 움직이는 성〉은 판타지, 그러니까 현실에 없는 이야기다. 사람들은 현실과 판타지는 확실하게 구분된다고 여긴다. 하지만 내 생각은 다르다. 내가 애니메이션을 보면서 하울에 마음을 포갠 순간 나는 하울이 된다. 지금 딸은 그 이야기를 이야기 바깥으로 가져오려고 하는 것

이다. 어떻게 될까, 무슨 일이 일어날까 궁금한 것이겠지. 그렇다면 나도 최선을 다해 보고 싶다. 호밀빵이 아니라 아쉬우니, 통밀이라도 넣어보자는 생각에 비건 통밀빵으로 재료를 준비했다.

강력분과 통밀가루를 2:1 비율로 섞고 소

금, 설탕을 넣는다. 미지근한 물에 이스트를 넣고 잠깐 기다렸다가 가루류와 섞어 반죽을 한다. 반죽이 어느 정도 되면 올리브유를 넣고 반죽하여 잘 스며들게 한다. 1차 발효 후 식빵틀에 식빵 모양으로 성형하고 2차 발효 후 오븐에 굽는다.

빵이 완성될 즈음에 맞추어 달걀을 부치고 베이컨을 굽는다. 자, 기분이다! 냉장고 구석에 있던 프랑크소시지도 가족 수대로 프라이팬에 굽는다. 그리고 모두 한 접시에 담는다.

"자, 모두 하울의 아침 식사 먹으러 와!"

우리는 다 같이 둘러앉았다. 어때, 하울의 아침 식사 같지? 내가 들뜬 목소리로 말하자 바로 어린이들의 디테일 공격이 들어온다.

"엄마, 하울의 아침 식사에는 소시지가 없어."

앗, 그렇구나. 미안. 역시 오버하면 안 된다.

"그래도 먹어봐. 맛있다니까."

"나머지는 맛있네. 하울의 아침 식사 같아."

아이들은 깔깔거린다. 마르클처럼 말하고 소피처럼 행동한다. 달걀 껍데기를 집어삼키는 캘시퍼 흉내를 내보기도 한다. 그렇게 우리 집은 하울의 움직이는 성이 되었다. 찰나일 뿐이다. 베이컨과 달걀프라이 그리고 갓 구운 빵이 만들어내는 짧은 마법의 시간. 물론 아무것도 바뀐 것은 없다. 하지만 모든 것이 변한다. 그것이 이야기의 힘이다. 단 한 번이라도 하울이, 소피가 되어본 인생과 그렇지 않은 인생 중 하나를 선택하라고 하면 조금의 망설임도 없이 전자를 선택할 것이다.

이야기를 이야기 바깥으로 끌어내 실제로 즐기다니 이건 정말 최고의 경지군. 나는 과장되게 흐뭇해했다. 빵 한 조각과, 달걀, 베이컨만으로 가능하다. 멋지지 않은가. (주의사항: 소시지를 보태지 말 것.)

빵을 만들 땐 우유와 버터, 달걀이 반드시 들어가야만 하는 줄 알았다. 식빵의 폭신하면서 고소한 식감을 생각하니 바로 우유, 버터, 달걀이 떠올랐기 때문이다. 하지만 밀가루와 이스트 물과 소금, 식용유만으로도 충분히 맛있는 식빵을 만들 수 있어 깜짝 놀랐다. 물론 부드럽고 고소한 느낌은 덜하지만, 담백하고 묵직한 맛은 그 나름의 매력을 가지고 있다. 요즘 채식에 관한 관심이 늘면서 비건 인구가 많이 늘고 있다. 덩달아 제빵도 비건 레시피를 많이 볼 수 있게 되었다. 지구와 생명을 덜 해치는 레시피를 보면 반갑고 계속 도전해 보고 싶은 마음이 든다.

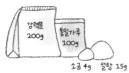

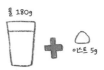

강력분 200g과 통밀가루 100g을 섞는다.
섞은 밀가루에 소금 4g과 설탕 15g을
넣어 섞는다.

미지근한 물 180g에 이스트 5g을
넣어 잘 섞어준다.

이스트 섞은 물을 가루류에 넣고
잘 섞어준다. 어느 정도 뭉쳐지면 올리브유
30g을 넣고 잘 스며들도록 섞는다.

반죽이 2배로 부풀도록 20~30도의
온도에서 1차 발효한다.

가스를 빼고 3등분으로 나누어
식빵 모양으로 성형한다.
그대로 30분가량 2차 발효한다.

180도로 예열된 오븐에서
30분 정도 굽는다.

바게트

12
새로 만든 빵은 이 빵이 아니잖아요

바 게 트

    바게트라니. 허세라면 허세다. 그 무렵 난 뭐든지 만들 수 있어 병에 걸려 있었다. 굳이 병명을 붙이자면 자신감 비대증이랄까? 바게트 바닥을 보면 작은 동그라미가 수없이 찍혀있다. 그건 바게트 틀 모양이다. 그렇다. 바게트를 만들려면 바게트 틀이 있어야 한다. 하지만 바게트 틀의 본전을 뽑을 만큼 바게트를 많이 만들 것 같지는 않았다. 틀에 얹지 않고 그냥 오븐 팬 위에 모양을 잡아 구워야지 싶었다. 만약 완성품이 기대에 못 미친다면 그건 바게트 틀이 없어서일 것이다. 맛있다면? 그거야 내 실력 덕분이고. 아주 편리한 셈법이다. 자, 이제 시작해 볼까? 재료는 간단하지만 만드는 방법은 세상 번거롭다.

    미지근한 물에 이스트를 넣어 둔 다음 중력분과 소금, 설탕 섞은 것을 넣어 반죽한다. 수분이 많아 약간 질척한 반죽을 발효하고 접어주고 발효하고 접어주는 과정을 세 번 반복한 다음 길쭉하게 모양을 잡아 칼집을 넣어 220도로 예열한 오븐에서 구워주었다.

반죽을 하고 한참을 기다린 탓인지 아이들도 언제 다 만들어지는 거냐고 기대가 크다. 하지만 이건 바게트란다. 달지도 않은 데다 질기고 좀 먹고 나면 입천장이 까지는 빵. 아이들이 좋아할 리 없다. 내가 가장 많이 먹을 수 있을 것이라고 생각하고 큭큭 속으로 웃었다. 오븐에서 땡, 알림음이 울리고 빵을 꺼냈다. 길쭉한 모양은 그럭저럭 봐줄 만하지만, 기대한 것처럼 윤기 나고 바삭해 보이는 갈색은 아니다. 실망했다. 아마도 굽기 직전에 오븐 안에 분무기로 물을 뿌리는 과정을 생략해서가 아닐까 싶었다. 혹은 오븐의 온도를 잘 맞추지 못했거나. 빵 칼로 잘라보니 바게트라기보다는 긴 모양의 치아바타 같은 느낌이 든다. 에이 망쳤네, 마음으로만 말한다. 들인 시간과 노력을 생각하면 아쉬운 일이다. 하지만 내가 어떻게 생각하건 상관없이 어린이들은 들떠서 식탁으로 다가왔다.

"엄마, 이 빵 이름이 뭐예요?"

"바게트."

완성품에 자신이 없어서인지 대답하는 내 목소리가 작다. 만들 때마다 성공할 순 없잖아, 속으로 변명하는 동안 아이들은 잘라 놓은 빵을 집어 먹기 시작했다.

"우와! 정말 맛있어요!"

"엄마, 진짜 맛있다!"

헉. 뭐라는 거야? 아이들은 정말 맛있게 빵을 먹었다. 다시 떠올려도 거짓말 같은 장면이다. 어쩌면 아침을 제대로 안 먹어서일 수도 있겠다. 며칠 만에 빵을 만들어서 빵 냄새만으로도 기분이 좋아진 것일 수도 있다. 사실 우리 집 어린이들은 바게트를 먹어본 적이 없다. 그러니 비교 대상도 없는 것이다. 겉은 바삭하고 속은 쫄깃한 잘 만든 바게트였다면 오히려 별로 안 좋아했을 수도 있겠다고 생각하니 우습다. 기분 좋은 삑 사리인 셈.

맛있게 먹다가 별안간 둘째가 생각났다는 듯 말한다.

"아빠 거는?"

집에서 빵을 만들면 꼭 1/4을 떼어 퇴근할 남편 몫으로 놔두었다. 그런데 바게트를 만든 날은 그러지 않았다. 아이들이 당연히 조금 먹고 말 것으로 생각한 거다.

"아빠 거 따로 안 챙겨 놨는데."

"그래?"

아들은 매우 아쉬운 표정으로 먹기를 멈추더니 말했다.

"그럼 그만 먹어야겠네. 아빠 빵 남겨야지. 아, 너무 맛있는데."

뭐 그렇게까지. 아쉬워하는 아들의 표정이 너무 안쓰러웠다. 먹을 게 없어 굶는 시대도 아니고. 빵이야 또 만들면 되잖아. 그래, 그냥 내가 한 번 더 힘들고 말자. 나는 큰 인심 쓰듯 말했다.

"아들, 그냥 먹어. 엄마가 아빠 거 또 만들게."

그러자 아들은 답답하다는 듯 말했다.

"그건 이 빵이 아니잖아."

"엄마가 이거랑 똑같이 만들면 돼. 그럼 똑같은 빵이 될 거야. 그러니까 그냥 먹어."

아들은 한심하다는 듯 나를 쳐다보았다. 그 표정은 영영 잊지 못할 것이다.

"아니! 답답하네! 아무리 똑같이 만든다고 해도 새로 만든 빵은 이 빵이 아니잖아. 바로 이 빵이 맛있어서 아빠한테 주고 싶은 거라고."

아들의 진지한 얼굴을 보니 바로 이 순간, 지금 눈앞의 것을 사랑하는 사람과 공유하고 싶은 반짝이는 마음이 보였다. 이런, 기특하잖아. 알았어. 알았다고. 나는 락앤락 통을 하나 꺼내 빵을 잘라 담았다.

바게트답지 못해 아이들 입에 맞은 그 빵은 내가 만든 것이 맞다. 하지만 통에 담은 몇 조각의 빵에는 아이가 아빠에게 건네고 싶은 지금, 이 순간의 마음이 담겨있다. 그래, 사랑한다는 것은 이런 것이지. 역시 어린이는 멋지다. 오늘도 아이들에게 배운다.

아이들이 마늘은 싫어하지만, 마늘빵은 맛있게 먹는다. 마늘 버터만 있으면 바게트를 이용해 쉽게 마늘 바게트를 만들 수 있다. 녹인 버터에 다진 마늘과 설탕(혹은 꿀), 소금을 섞으면 마늘 버터가 된다. 오븐 팬 위에 올린 바게트에 마늘 버터를 숟가락으로 적당히 떠 올려주고 파슬리 가루를 솔솔 뿌려준다. 그리고 오븐에 굽기! 오븐에 구울 때는 마늘 버터가 타지 않게 잘 지켜봐 주어야 한다.

①

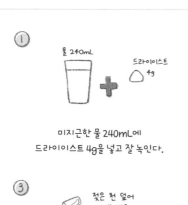

미지근한 물 240mL에
드라이이스트 4g을 넣고 잘 녹인다.

②

중력분 290g에 소금 4g과
설탕 10g을 넣어 섞는다.

③

젖은 천 덮어
20분 발효

①과 ②를 섞어 반죽한 뒤 젖은 천을 덮어
실온에서 20분 발효한다.

④

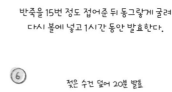

X15

동그랗게 굴려
다시 1시간 발효

반죽을 15번 정도 접어준 뒤 동그랗게 굴려
다시 볼에 넣고 1시간 동안 발효한다.

⑤

덧가루 뿌리고
모양잡기

발효된 반죽을 2등분한 다음 긴 모양으로
성형한다. 수분이 많은 반죽이니
덧가루를 뿌리고 모양을 잡는다.

⑥

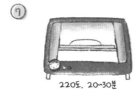

젖은 수건 덮어 20분 발효

젖은 수건을 덮어 20분간 발효한다.

⑦

220도로 예열된 오븐에 넣고 20~30분 정도 굽는다.
반죽을 오븐에 넣은 후 분무기로 오븐 안에 물을 뿌려주면
바삭한 바게트를 만들 수 있다.

220도, 20~30분

PART
3

밀가루 말고 쌀가루

깨
찰
빵

01

쉽고 간단하고 든든하다

깨 찰 빵

겨울이 물러가며 날씨가 조금씩 따듯해지자 아이들이 들썩거린다. 멀리 나들이는 못 가도 단지 앞 놀이터 정도에서는 놀 수 있다. 마스크를 하고서라도 아이들은 자전거를 타야 한다, 그네를 타야 한다, 모래놀이를 해야 한다, 야단이다. 노는 건 어린이의 본분. 놀라고 아이들을 내보내고 나면, 한두 시간 후 벌어질 상황이 눈에 선하다. 와다다다 집으로 뛰어 들어와 배고프다고 하겠지. 감자나 고구마가 있으면 지금 불에 올리면 된다. 사다 놓거나 만들어 둔 빵이 있다면 그걸 내주면 된다. 두어 시간 뛰어놀고 오면 과자 몇 개로는 배가 차지 않으니 빵이나 떡, 감자나 고구마, 옥수수 같은 것이 필요하다. 하지만 아무것도 없다. 밀가루는 있지만 이제 반죽을 시작해서 1차 발효, 2차 발효를 거쳐 빵을 만들려면 최소한 3시간이 필요하다. 찬장을 열어보니 찹쌀가루가 있다. 반짝 생각이 떠오른다. 깨찰빵. 깨찰빵은 찹쌀가루로 만든다. 발효도 필요 없고, 반죽해 빚어서 그냥 구우면 된다.

건식 찹쌀가루와 베이킹파우더를 체에 내리고 설탕과 소금을 넣어 잘 섞어준 뒤 달걀, 우유, 검은깨를 넣고 날가루가 보이지 않게 반죽한다. 어느 정도 반죽이 되었으면 주먹보다 작은 크기로 동그랗게 빚어 팬에 올려 오븐에 구워주면 끝!

준비에서 완성까지 1시간이 채 안 걸린다. 역시 예상대로 신나게 놀고 뛰어 들어온 아이들, 우유와 함께 맛있게 깨찰빵을 먹는다. 꿀을 달라고 해 듬뿍 찍어 먹는다. 쫄깃하고 달콤하다며 순식간에 서너 개를 집어먹고 다시 놀러 나간다. 역시!

사실 아이들에게 해준 이 깨찰빵은 우리가 보통 빵집에서 사 먹는, 속이 텅 비고 질기다 싶을 만큼 쫀득한 그 깨찰빵은 아니다. 왠지 도전 정신이 생겨 빵집 깨찰빵을 만들어 보려다가 그만두었다. 재료 때문이었다. 깨찰빵은 '파인소프트'라는 가루가 주재료이다. 파인소프트T, 파인소프트202, 파인소프트C와 강력분을 일정한 비율로 섞은 것을 가루 재료로 사용하는 것이다. 파인소프트T는 타피오카 전분으로 대체할 수 있다. 파인소프트T에서 T는 타피오카의 약자. 타피오카는 공차 등의 음료 가게에서 먹는 버블티 속 버블의 주재료이다. 열대작물 카사바 뿌리에서 재취하는 식용 녹말이다. 파인소프트202와 파인소프트C는 타피오카 가루를 화학적으로 변형시켜서 만든 이른바 '변성전분'이다. 파인소프트의 성분을 살펴보면 '히드록시프로필인산이전분'이라는 성분 표시를 발견할 수 있다. 이는 각종 시판 식품에 첨가물로 폭넓게 사용되고 있다. 소시지, 스파게티, 과자 등에서 흔하게 볼 수 있다.

이렇게 흔히 쓰이는 것이니, 나도 파인소프트T, 파인소프트202, 파인소프트C를 사서 깨찰빵을 만들어볼까 싶기도 했다. 나 같은 호기심쟁이들을 위해 세 종의 가루를 세트로 팔기도 한다. 어떤 음식의 맛이 미각에 남으면 다른 것으로 잘 대체되지 않는다. 딱 그 식감의 그 품목을 먹고 싶을 때가 있는 것이다. 그런데도 그만둔 건, 이름 때문이었다. 파인소프트라니, 뭔지 모르겠잖아. 히드록시프로필인산이전분이라니, 무슨 외계어 같잖아. 식감이 충분하지 않더라도 포기하겠어, 라고 마음이 말한다.

나는 '찹쌀가루'가 좋다. 이름만 봐도 정체가 분명하지 않은가? 찹쌀가루의 성분은 그냥 찹쌀 100%. 온전하고 명확하다. 더 설명할 것이 없다. 제조과정을 상상해 보더라도 잘 익은 찹쌀을 추수하고 탈곡해 기계에 넣고 빻아 가루로 만드는 분명한 공정이 떠오른다. 히드록시프로필인산이전분이라

고 하면 연구실 같은 곳이 떠오르는데, 그 이상은 모호하다. 순전히 단어의 어감만 가지고 뭘 먹을지 결정하는 건 비논리적이고 시대착오적인지도 모르겠다. 또 온갖 가공식품에서 이미 먹고 있으면서 만들어 먹는 것만큼은 싫다고 생각하는 것도 고집스럽다. 그래도 사람은 자기가 경험한 것 이상으로는 행동하지 못하는 존재이니 어쩔 수 없다. 나는 찹쌀가루만큼만 살련다. 아이들이 남겨놓고 간 내가 만든 깨찰빵을 하나 집어

들어 한 입 문다. 내가 아는 찹쌀만큼 쫄깃하고, 내가 경험한 찹쌀만큼 든든하다. 이거면 되었다.

열대작물 카사바의 뿌리에서 채취한 식용 녹말인 타피오카 전분은 시중에서 쉽게 구해 다양한 용도로 사용할 수 있다. 전을 부칠 때 밀가루 대신 사용하면 좀 더 바삭한 식감을 즐길 수 있다. 특히 글루텐이 없으니 글루텐 소화에 어려움을 겪는 이들에게는 밀가루를 대체할 수 있는 재료이다.

음료 전문점에서 마시는 버블티의 버블도 타피오카 전분을 이용해서 직접 만들 수 있다. 냄비에 물과 설탕을 넣고 끓이다가 타피오카 전분을 넣고 잘 저어 반죽을 만든 다음, 길쭉하게 밀어 손톱 크기로 동그랗게 빚어준다. 다 빚은 반죽을 끓는 물에 20분 정도 삶으면 투명해진다. 찬물에 전분기를 씻어낸 뒤 설탕 시럽에 졸이면 된다. 버블을 일일이 빚는 것이 번거롭다면 시판 타피오카 펄을 사서 삶은 뒤 냉동실에 소분해놓고 필요할 때마다 꺼내 사용해도 좋다.

① 건식 찹쌀가루 220g과 베이킹파우더 5g을 체에 내린다. 설탕 30g과 소금 2g을 넣어준 뒤 가루류 전체를 주걱이나 스패출러로 잘 섞어준다.

② 가루에 달걀 한 개를 넣고, 우유도 150mL 넣어준다. 검은깨는 원하는 만큼 넣는다. 날가루가 보이지 않게 스패출러로 잘 섞어준다.

③ 반죽이 질기 때문에 숟가락이나 국자로 적당히 퍼서 팬에 열두 덩어리로 올려 준다. (균일한 모양을 원하는 경우에는 덧가루를 뿌린 작업대 위에 반죽을 놓고 길죽하게 밀어 12등분 해 준다.)

④ 반죽 위에 분무기로 물을 뿌려 준 후, 180도로 예열한 오븐에 35분 정도 구워준다.

인절미

02

손에 붙은 떡 뜯어먹기

인 절 미

깨찰빵을 해 먹고 건식 찹쌀가루가 반 봉지 남았다. 이때까지만 해도 나는 건식이 뭔지도 몰랐다. 마트에서 파는 찹쌀가루 말고는 상상해 본 적이 없기 때문이다. 마트에서 파는 찹쌀가루는 모두 건식이다. '건식가루'란 곡물을 그대로 빻은 것, '습식가루'란 물에 불린 것을 빻은 것이라는 사실은 나중에야 알게 되었다.

순간의 기분으로 재료를 사고 요리한 뒤 반만 남겨두었다가 유통기한을 지나 버린 적이 얼마나 많았나 떠올리면서, 어떻게든 이걸로 뭘 해 먹자고 생각했다. 냉장고를 뒤적이니 콩가루가 있다. 간단하게 전자레인지로 인절미를 만들기로 했다. 찹쌀가루에 설탕, 소금을 넣은 뒤 뜨거운 물을 조금씩 섞어준다. 잘 섞였으면 랩을 씌우고 구멍 몇 개를 뿅뿅 뚫어 준 뒤 전자레인지에 넣고 돌린다. 꺼내어 다시 한 번 뒤적여 준 뒤 전자레인지에 넣고 돌린다. 반죽을 꺼내 숟가락이나 핸드블렌더로 잘 치댄 뒤 길쭉하게 밀어 콩가루를 묻혀 잘라주면 완성!

무척 간단한 과정인데 마지막에 반죽을 숟가락으로 치대는 과정에 아이들이 끼어들었다. 어린이집에서 떡을 치대는 활동을 해 봤기 때문이다. 인절미라면 방망이로 콩콩해야 한다는 것이 어린이들의 주장. 앗, 이런 어쩌나. 떡메를 칠 수는 없으니 아쉬운 대로 떡 반죽을 스테인리스 볼에 옮기고 집에 있는 홍두깨를 쥐여주니 그럭저럭 만족! 자, 여기 떡을 콩콩 잘 찧어봐. 달 속 토끼가 되었다고 생각하고 열심히 해! 활동도 하고 다 만들면 먹고, 아주 좋아. 덕분에 나는 한숨 돌리겠네, 라고 생각하고 잠시 자리를 비웠는데, 깔깔깔. 아이들 웃는 소리가 심상치 않다. 급히 부엌에 돌아와 보니, 떡이 그야말로 열 손가락에 다붙어 난리가 났다. 아마도 반죽이 잘 떨어지지 않아 손으로 떼려다가 이 손가락에 붙고, 이 손가락의 붙은 거 떼려다가 저 손가락에 붙고, 왼손에 붙은 떡 오른손으로 떼려다가 오른손에도 붙고 그랬겠지. 안 봐도 뻔하다. 양손에 떡 반죽을 잔뜩 묻힌 채로 아이들이 물었다.

"엄마, 이제 어떻게 해요?"

나는 짧게 숨을 쉬고 대답했다.

"어떻게 하긴. 손에 붙은 거 다 뜯어 먹고 손 씻어!"

"네!"

아이들은 활기차게 대답하고는 손에 붙은 걸 뜯어 먹는다. 와, 누나 이

거 맛있다. 그렇지? 응, 진짜 맛있다. 콩고물도 안 묻힌 떡이 뭐가 맛있다는 건지 종알거리며 신이 났다. 떡을 만들어 먹은 게 좋은 건지, 손에 붙은 걸 뜯어 먹는 게 좋은 건지 알 수 없었다. 좋다니 그걸로
되었다. 아이들 손바닥에 달라붙은 걸 빼고 나니, 떡 반죽은 얼마 안 남았다. 나는 남은 반죽을 모두 모아 조금 더 매끈하게 치대고 콩가루에 굴려 잘랐다. 열댓 개 남짓이지만 어쨌든 인절미 완성. 나는 이미 부엌에서 사라져버린 아이들을 향해 외쳤다.

"얘들아, 이제 진짜 인절미 다 만들었어. 콩가루도 묻혔어. 와서 먹어!"

그러자 돌아온 대답.

"손에 붙은 거 너무 많이 먹어서 이제 배불러요."

헉. 이럴 수가. 하지만 혼자 먹는 것도 좋다. 나는 커피 한 잔을 타서 식탁에 앉았다. 그리고 인절미 한 개를 입에 넣었다. 떡은 떡인데 뻑뻑하다. 쫄깃하게 씹히면서도 부드럽게 넘어가는 것이 아니라 끈적한 떡이 목구멍에 달라붙어 버릴 것 같다. 왜일까. 집에서 만들면 여기까지가 한계일까?

이날 난 깨달았다. 맛있는 음식만큼이나 맛없는 음식 역시 도전정신을 고취한다는 것을. 맛있게 먹었던 인절미에 가깝게 만들어 보고 싶었다. 이렇게 떡의 세계로 입문할 줄이야.

- 건식 찹쌀가루를 사용하는 것보다 찹쌀로 밥을 지은 뒤 핸드 블렌더나 제빵기 반죽 모드로 밥을 치대 인절미를 만들면 밥알이 살아 있어 더 맛있다. 찰밥을 할 때는 소금을 조금 넣어 준다. 삶은 쑥이나 쑥 가루를 찰밥에 같이 넣고 치대면 쑥인절미가 된다. 어느 정도 치댄 후 길쭉하게 밀어 적당한 크기로 잘라서 콩가루에 굴려 먹는 과정은 똑같다.

- 찹쌀가루를 사용해 손쉽게 만들 수 있는 간식으로 LA 찰떡파이가 있다. 우유와 달걀을 섞고 설탕으로 당도를 조절한 다음 찹쌀가루와 베이킹파우더를 섞어 되직한 반죽을 만든다. 완두 배기, 강낭콩 배기, 호두, 건포도, 호박씨, 아몬드 등 견과류를 취향에 맞게 듬뿍 반죽에 넣어 섞는다. 파이틀이나 빵틀에 너무 두껍지 않게 붓고 윗부분에 아몬드 슬라이스를 올려 마무리한다. 180도로 예열된 오븐에 50분쯤 구워주면 영양 만점의 LA 찰떡파이가 완성된다. 이름이 독특한 이 간식은 로스앤젤레스로 이민 간 교민들이 떡에 대한 그리움을 달래기 위해 만들어 먹기 시작한 것에서 유래되었다고 한다.

①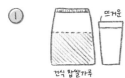

건식 찹쌀가루

뜨거운 물

건식 찹쌀가루와 뜨거운 물을
1:1로 준비한다.

②

설탕 2스푼

소금 3꼬집

설탕을 밥숟가락으로 2스푼,
소금은 3꼬집 정도 넣는다. 설탕의
양은 입맛에 맞게 가감한다.

③

1/3씩 나누어 붓기

찹쌀가루와 설탕, 소금을 잘 섞은 뒤
뜨거운 물을 부어 섞는다. 물은 1/3씩
3번에 나누어 붓고 섞기를 반복한다.

④

전자레인지 3분

랩을 씌우고 구멍을 뿅뿅 뚫은 다음
전자레인지에 넣고 3분 정도 돌린다.

⑤

뜨거우니 조심스럽게 꺼내서 랩을
벗기고 수저로 섞는다. 매우 찐득거린다.

⑥

전자레인지 2분

잘 섞어준 반죽에 다시 랩을 씌워
전자레인지에 넣고 2분간 돌린다.

⑦

매끈해질 때까지
치대기

꺼내서 매끈해질 때까지 치댄다. 수저로
뒤적이거나 핸드블렌더를 사용해도 된다.

⑧

콩가루를 쟁반에 두툼하게 깔고, 인절미를
올린다. 그 위에 콩가루를 두껍게 덮어
묻힌다. 떡이 식으면 알맞은 크기로 자른다.

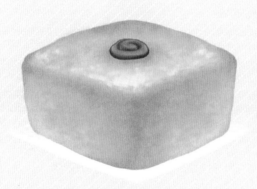

단
호
박
설
기

실패를 거름삼아

단 호 박 설 기

나는 조심스럽게 떡집 문을 열었다. 동네에서 좀 떨어진 상가 떡집이었다. 사장님으로 보이는 분이 한쪽 벽에 등을 대고 앉아 지루한 얼굴로 티브이를 보고 있었다.

"저… 쌀가루 살 수 있나요?"

사장님은 앞치마 주머니에 넣은 손을 빼지 않은 채로 나를 멀뚱하게 쳐다보시더니 답했다.

"쌀가루? 뭐 하시려고?"

"떡 만들어 보려고요."

떡을 왜 만들어? 여기서 사 먹으면 되지, 라는 말이 들리지는 않았지만 허공에 떠다니는 것 같았다.

"오늘 쌀가루는 다 썼어요. 그래서 팔 게 없어요."

아, 그렇구나. 그렇다면 일단 딸기는 판다는 거네.

"네, 알겠습니다."

문을 열고 돌아나가려는데 들려오는 말,

"쌀을 불려가지고 와요. 우리가 빻아주니까. 그럼 훨씬 싸지."

근데 난 몰라도 너무 모른다. 어쩔 수 없이 질문 한 번 더.

"죄송한데 쌀을 불린다는 게······."

"그니까 물에 담가 불려서 쌀을 가지고 오라고요."

"어떻게 불려······."

"그러니까 쌀을 물에 담가. 그리고 서너 시간 둔 다음에 채반에 받쳐. 물기를 빼. 그리고 가지고 오면 돼요."

잘 못 알아듣는 내가 답답했는지, 요약정리를 해주셨다. 그리고 마무리.

"1킬로에 삼천 원."

나는 떡집을 나왔다. 짧은 시간에 많은 정보를 얻었다. 떡집에 가면 쌀가루를 살 수도 있고, 쌀을 빻을 수도 있다. 근데 직접 불린 쌀을 가지고 가는 것이 싸다. 하지만 아직도 궁금한 것이 있다. 근데 쌀을 물에 담글 때, 쌀을 씻어서 담그나, 그냥 물만 붓는 것인가? 또 빻는 값이 1킬로에 삼천 원이라고 했는데 불린 쌀의 무게일까 불리기 전의 무게일까?

하지만 지금 중요한 것은 그게 아니다. 나는 오늘 딸에게 단호박설기를 해주기로 했다. 잡지 부록으로 주는 작은 레시피 책자에서 노랗고 동그란 떡케이크를 발견한 딸은 일주일 전부터 그걸 해달라고 했다. 엄만 떡 못해. 나는 딱 잡아뗐지만, 왠지 슬금슬금 눈이 갔고, 레시피를 몇 번

읽어보니 할 수 있을 것도 같았다. 결국 한번 해 보겠다고 큰소리를 쳤다. 그래서 장을 보러 나온 김에 일단 보이는 떡집에 들어와 본 것이다. 근데 쌀을 불려야 한단 말이지. 쌀을 불려서 가지고 왔을 때 아마 떡집은 문을 닫았겠지. 아무래도 오늘은 어렵겠어. 아쉬운 대로 빵이라도 해주고 딸을 달래야지, 마음먹고 베이킹 숍에 갔다. 그런데 거기 있었다. 쌀가루가. 포장 한가운데에 팥고물이 먹음직스러운 시루떡 모양이 그려져 있는 걸로 보아 떡을 만들 수 있는 가루임이 틀림없었다. 역시 언제나 방법은 있다. 나는 딸이 내민 레시피대로 떡을 쪄보았다.

집에서 만두 찔 때 쓰는 찜통에 면포를 올리고 베이킹용으로 사둔 무스링에 가루를 넣었다, 모양을 낸답시고 쌀가루 위에 대추를 썰어 돌돌 말아 얹었고 수증기가 떨어지면 떡에 물방울 자국이 생긴다고 하여 뚜껑을 손수건으로 잘 싸매 묶었다. 물이 끓고 찜기를 올리고 뚜껑을 덮고 두근두근 기다린다. 떡이라니. 난생처음 만드는 떡이다.

하지만 김이 오르고, 10분이 지나고, 15분이 지나고 떡가루는 조금 축축한 가루 상태일뿐, 포슬하고 쫀득한 백설기 형태가 만들어지지 않는다. 아아아. 왜 안 되는 것이냐! 이것은 수분 부족인가? 답답한 마음에 스프레이로 쌀가루 위에 칙칙 물을 뿌렸다. 소용없는 짓이었다. 살살 물도 부었다. 쌀가루는, 원래 떡을 만들려고 했던 것이지만 그야말로 떡이 되어버렸다. 나는 건

드리기만 해도 쩍쩍 갈라지지만 물이 닿은 부분은 축축해져버린, 익기는 분명히 다 익었지만 떡의 쫀득함이 없는 쌀가루 덩어리를 찜기에서 꺼내 비닐에 넣었다. 이대로 버릴 수는 없었다. 뜨거운 물을 약간 더 넣고 도마 위에서 조물조물 치대어 반죽을 했다. 어쨌든 다 익은 거니까 못 먹을 건 없어, 라는 생각을 하면서. 말랑해진 반죽을 꺼내 길게 늘이고 스크래퍼로 톡톡 자르니 절편 비스름한 것이 되었다.

"얘들아, 엄마가 떡을 변신시켰어."

애들을 불러 자초지종을 설명하고, 종지에 꿀을 담아 떡과 함께 내밀었다. 어린이들은 정체 모를 떡을 맛있게 먹는다. 역시 꿀에 찍어 먹으면 다 맛있다. 왜 망친 걸까? 어느 부분에서 틀린 걸까? 빵은 레시피대로 하면 얼추 만들어지던데 떡은 왜 안 되는 걸까? 머릿속은 질문으로 가득했다. 아아, 괴롭다. 이 괴로움이 말랑하고 폭신하고 쫄깃한 백설기를 만들 때까지 계속되겠다고 생각하니 암담하면서도 온몸에 미세한 흥분이 일며 도전정신이라고 불러도 될 것 같은 용기가 쑤욱 솟았다. 며칠은 이 기운으로 살 수 있을 것 같다.

처음에는 만두나 감자, 고구마를 쪄 먹는 찜통에 떡을 쪘다. 삼발이 위에 손잡이가 있는 구멍이 송송 뚫린 찜기를 올리는 형태였다. 찜기 바닥에는 면포를 깔았다. 근데 여러모로 불편해서 결국 떡 전용 찜기를 사고 말았다. 알루미늄 물 솥 위에 2단으로 찜기를 올릴 수 있는 형태인데, 크기도 넉넉한 데다가 찜기 바닥만 따로 분리할 수 있어서 아주 편하게 떡을 찔 수 있었다. 살 때 '명품 떡 찜기'라는 이름을 보고 웃으나

가방은 명품을 안 쓰니 찜기 정도는 괜찮다고 생각하며 웃었던 것이 떠오른다. 찜기에는 실리콘 깔개를 사용하면 편리하다. 면포를 사용하면 떡을 떼어내고 나서 번번이 빨아 말려야 하는데, 실리콘 깔개는 달라붙은 떡이 잘 떨어지고 쉽게 마른다. 찜기 크기에 딱 맞는 깔개를 사서 지금까지 잘 쓰고 있다.

네 번 만에 성공

단호박설기

문제는 물주기였다. 쌀가루에 물을 적당히 넣어 찌기 알맞은 상태로 만드는 것을 '물주기'라고 한다. 물주기를 한 쌀가루를 체에 내려 간을 하고 찜기에 얹어 찌면 설기가 되기 때문에 물주기를 얼마나 잘했느냐가 설기의 성패를 가른다. 쌀가루에 물을 조금씩 뿌린 후 양 손바닥으로 비벼 고루 섞어야 하는데, 얼마나 물을 넣어야 하는가에 대한 설명은 대강 이런 식이다. '물주기를 한 쌀가루 한 줌을 주먹으로 꼭 쥐면 모양이 잡혀요. 이걸 손에서 통통 튀겼을 때 한 번에 부스러지지 않고 세 번 정도에 부서지는 정도면 됩니다.' 헉. 이게 무슨 말인가, 라고 생각할 즈음 다음 설명이 나온다. '처음에는 이게 무슨 말인지 모르시겠지만 몇 번 해 보시면 감이 올 거예요.' 아, 그런 건가요.

지난번 떡은 수분이 부족해서 망친 게 틀림없다. 나는 레시피보다 물을 더 넣어 물주기를 했다. 역시 망했다. 한 번 더 했을 때는 내가 아는 설기에 가까운 모양이 되었지만, 맛이 푸석푸석했다. 떡이란 역시 시판 가루로는 만들 수 없는 귀한 음식인가? 세 번을 망치고 나자 아무래도 방앗간에 가서 쌀가루를 내려야겠다는 생각이 들었다.

그런 생각으로 가득 차서인지 가까운 떡집을 발견했다. 나는 문을 열고 들어가는 것이 왠지 쑥스러워 전화번호를 적어 집으로 돌아왔다. 전화를 걸어 쌀가루를 빻아줄 수 있으냐고 묻자, 오후 1시부터 4시 사이에 가능하다고 했다. 나는 지난번에 미처 못 물어본 것을 물어봤다. 쌀은 씻어서 불리는 거죠? 네, 그럼요. 킬로당 가격이 불린 무게인가요, 불리기 전 무게인가요? 불린 무게죠. 얼마나 불리면 될까요? 지금 날씨면 4시간 불리세요. 그리고 한 30분쯤 채반에 받쳐 물기 빼고 가져오세요. 전화를 끊고 시계를 보았다. 지금 불려야 늦지 않게 빻을 수 있겠다. 나는 쌀 3킬로를 씻고 씻고 또 씻었다. 뽀얀 쌀뜨물이 올라왔다.

불려서 물기를 뺀 쌀을 커다란 김치통에 넣어 한 손에 들고, 나는 떡집 문을 두드렸다.

"저기, 쌀 좀 빻으러 왔는데요."

태어나 처음 입 밖으로 뱉어본 문장이었다. 어색하지는 않았을까? 내가 불필요한 자기검열을 하는 동안 사장님은 김치통 속 쌀을 커다란 기계에 촤르르 쏟아부으며 물었다.

"소금 넣어드려요?"

"네, 넣어주세요."

어디선가 소금을 같이 넣어 빻는 것이 편하다고 본 것 같았다. 대답과

동시에 사장님이 쌀 위에 소금을 넣고 기계를 돌리셨다. 들들들들 제분기가 돌아가고 출구 아래 놓인 대야에 눈처럼 하얀 쌀가루가 쌓여갔다. 태어나 처음 보는 광경이다. 40년 넘게 살아도 처음이 있다. 멋진 일이다. 나는 넋 놓고 그 모습을 바라보았다. 예쁘다. 저 기계를 집에 들여놓고 싶다, 라는 말도 안 되는 생각까지 들었다. 사장님은 갓 간 쌀가루를 파란색 김장 봉투에 넣고 끝을 잘 오므려 내게 건넸다. 나는 한 손에 빈 김치통을 한 손에는 쌀가루가 담긴 파란 봉지를 들고 씩씩하게 집으로 향했다. 김치통 속 불린 쌀이 쌀가루가 되었다. 그리고 나는 그 쌀가루로 떡을 만들 것이다. 마법 같다.

집에 도착해 쌀가루를 소분해 담았다. 가로, 세로 15cm의 떡을 찌는데 대략 450~500g의 쌀가루가 필요하다. 나누어 담으니 총 여덟 개의 작은 봉지. 일곱 개를 차곡차곡 냉동실에 넣고 마지막 한 개로 다시 한번 도전.

쌀가루에 단호박 가루를 넣어 색을 내고 조심스럽게 물주기를 했다. 그 다음, 체에 두 번 내리고 설탕을 섞은 뒤 찜기 안 무스링에 살살 부었다. 스크래퍼로 모양을 잡고 물이 끓고 있는 찜통 위에 얹고 뚜껑을 닫았다.

될까? 이번에는 과연 될까? 앉지도 서지도 못하고 안절부절못하다가 살짝 뚜껑을 열어봤다. 눈 앞을 가린 하얀 김이 걷히고, 얌전히 앉아있는 노란 덩어리가 보인다. 오오, 된 것 같다. 때깔이 다르다. 비교하자면 그동안의 떡이 찬 바람 부는 겨울날 튼 손등처럼 건조했다면, 이번에는 이제 막 사우나를 마치고 나와 물기를 털어낸 손등처럼 촉촉하고 보드라워 보였다. 하지만 방심은 금물. 나는 가만히 찜통을 닫았다. 15분을 꼭 채워 찌고 찜기를 내렸다. 김이 모락모락 나는 찜기에서 조심조심 떡을 들어 접시에 올렸다. 단호박 가루를 넣어 노란빛이 도는 먹음직스러운 설기가 완성되었다! 손바닥보다 작은 네모난 설기 4개였다. 네 식구가 1인당 하나씩 먹으면 끝. 각자의 접시에 떡을 올려놓고 잠시 먹는 데 집중. 쫀득하고 포실하고 말랑하다. 은은하게 단호박 향이 난다. 성공이야 성공! 그릇을 비운 아이들이 묻는다.

"엄마, 또 없어요?"

나는 자신 있게 말한다.

"없어."

엄마가 처음으로 만든 떡이야. 이 맛을 기억해 주길! 며칠 만에 성공했지 뭐야. 이 기쁨을 간직해주길!

 - 시중에서 대량생산으로 판매하는 쌀가루는 대부분 건식이다. 말 그대로 건식 쌀가루는 수분이 거의 없는 쌀가루이고 습식 쌀가루는 물에 불린 쌀을 빻은 가루라서 건식보다 수분이 많다. 보통 습식 쌀가루는 떡집에 불린 쌀을 직접 가지고 가서 빻아 오는데, 요즘에는 인터넷 숍에서 1kg 단위로 판매하는 경우도 많다. 물기가 많으니 상하지 않게 하려면 보관에 주의를 기울여야 한다.

건식 쌀가루는 수분이 거의 없어 보관하기 편하다. 떡 만드는 용도의 쌀가루가 있고 제빵용 쌀가루도 있다. 제빵용 쌀가루는 강력 쌀가루, 박력 쌀가루로 나뉘어 있어서 용도에 맞게 사서 쌀 베이킹에 사용할 수 있다.

- 아이들 입맛에는 설기 사이에 흑설탕을 넣은 꿀설기도 좋다. 만드는 방법은 설기와 같은데, 쌀가루를 올릴 때 우선 반을 먼저 넣고 가운데 흑설탕과 콩가루 섞은 것을 살살 뿌려준 뒤 나머지 쌀가루 반을 위에 올려 찌면 된다. 콩가루 대신 땅콩 분태나 호두 분태를 넣어도 맛있다. 꿀설기를 만들 때는 쌀가루에는 따로 설탕 간을 하지 않았다. 달콤한 소가 들어있어 떡이 싱겁지 않게 느껴진다.

쌀가루 무게의 약 20~25% 내외로
물주기를 한다. 쌀가루의 수분 함량이
다르므로 고려해서 가감한다.
(450g의 습식 쌀가루에 100mL 정도의 물을
사용했다.) 건식 쌀가루를 사용했다면
물주기를 더해야 한다.

물을 골고루 뿌리고 손바닥으로 비벼
잘 흡수시킨다. 체에 2번 내린다.

체에 내린 쌀가루 분량의 10%
정도의 설탕을 섞는다. 설탕을 넣으면
쌀가루가 뭉치기 때문에 반드시
체에 내린 후에 넣는다.

찜기 안에 면포를 깔고 틀을 넣은 후,
쌀가루를 골고루 잘 넣는다. 윗부분을
평평하게 다듬고 자르기 쉽도록 미리
금을 그어준다. 떡도장이 있으면 찍는다.

물이 끓기 시작한 찜통에 찜기를 얹고
20분 내외로 찐다. 떡 모양이 얼추
잡혔으면 틀을 살살 움직여 빼 낸다.
매우 뜨거우니 조심!

무지개떡

05

지금 너의 삶이 찬란하다면

무 지 개 떡

어린이집은 가까운 게 최고다. 데려다주고 데려오는 게 보통 일이 아닌데다 아이가 아프거나, 필요한 걸 빼먹었다든가 하는 일이 생길 때 빨리 해결하려면 거리가 가까워야 한다. 이런 사실을 잘 알면서도 나는 차로 15분, 자전거로 30분쯤 걸리는 곳에 아이들을 맡겼다. 큰애가 4살이던 2014년 가을부터 둘째가 8살이 된 2020년 2월까지였으니, 햇수로 무려 7년. 2014년에는 면허만 있지 연수도 받기 전이었다. 자전거도 없어서 아기 띠로 아이를 업은 채로 고양시 공공자전거를 빌려 페달을 밟았다. 그러다 허리가 너무 아파 분홍색 자전거를 사서 뒤에 아기 의자를 달았다. 성저마을에서 후곡마을까지 매일 아침 공원길을 달렸다. 자전거로 달리던 중, 딸이 아기 의자에 앉아 꽃을 가리키며 뭐냐고 물었다. 산수유라고 알려주면, 아, 탕수육 꽃! 이라고 대답해 나를 웃겼다. 둘째까지 어린이집에 맡겨야 하는 상황이 되자 자전거로는 불가능했다. 겨우 차를 몰아 아이들을 데려다주고 돌아 나오는 길 주차되어 있던 차를 여지없이 들이받는 첫 접촉 사고를 낸 것도 어린이집 앞 주차장에서였다. 왜 그렇게까지 고집했을까?

아이들이 다닌 곳은 발도르프 어린이집이었다. 식재료는 유기농만 사용하고, 발도르프식 리듬에 맞게 교육한다. 자유 놀이를 중요하게 생각하고 플라스틱 놀잇감을 쓰지 않는다. 이상적이지만 그렇기 때문에 엄마도 이 이상을 구현하기 위한 노력을 함께 해야 한다. 나 자신이 되는 것만으로도 에너지가 모자랐던 나는 '좋은 엄마'의 정체성을 강요받는 것이 늘 불편했다. 그런데도 7년 동안 눈이 오나 비가 오나 자전거로 차로 아이들을 실어 날랐다. 어쩌면 그건 떡 때문이었는지도 모른다.

발도르프 어린이집에서 원아의 생일은 무척 중요한 행사다. 한 명 한 명 생일파티를 한다. 생일 맞은 아이를 위해서 친구들은 모두 꽃을 한 송이씩 준비하고 부모는 아이들이 먹을 간식과 케이크를 준비한다. 아이 생일에 낭독할 편지와, 태어나서 지금까지 찍은 사진도 연도별로 한 장씩 준비해 생일잔치에 참석한다. 순서에 맞추어 노래를 부르고 사진을 돌려보고 편지를 읽고 나면 왕관을 쓴 주인공이 촛불을 끈다. 순서가 다 끝나면 준비한 과일과 케이크를 먹는데, 이 케이크가 문제였다. 대량생산하는 케이크는 아이들이 먹기에는 너무 많은 방부제와 감미료, 당과 유지의 집합체. 하지만 어린아이를 키우며 홈메이드 케이크를 구워 갈 수 있는 엄마가 얼마나 될까? 그렇다고 생일 케이크 없는 생일잔치는 어색하다. 엄마들은 보통 빵집에서 아이들이 좋아하는 케이크를 사 들고 갔다.

그런데 어느 날 원장님이 더 이상 생일
에 케이크를 가져오지 말라 하셨다. 그럼
어떻게? 생일잔치가 있는 날 새벽마다 직
접 떡 케이크를 찌신다고. 세상에. 처음엔
못 믿었다. 매번 떡을 찌시겠다고? 생일날 준비할 게 얼마나 많은데? 하
지만 정말 다음번 생일부터는 단순하면서도 고운 장미꽃 장식이 올라간
떡 케이크를 먹을 수 있게 되었다. 졸업하는 해까지 매년 빠짐없이. 나
는 원장님의 발도르프 철학보다도 그 떡을 더 믿었다. 그리고 나와 내 아
이들이 그 떡을 먹은 이상, 좀 귀찮아도 선생님이 시키는 대로 '좋은 엄
마'가 되려는 시늉 정도는 하는 것이 도리라고 생각하게 되었다. 사랑이
란, 좋은 것을 주고 싶은 마음에서 시작한다. 하지만 마음만으로는 완성
되지 않는다. 마음은 행동을 통해서만 진짜 사랑이 된다. 1년에 한 번뿐
이다. 파란색 케이크 상자를 원에 들고 가며 원장 선생님을 원망할 엄마
는 없었다. 그런데 안 해도 되는 일을 기꺼이 하면서 스스로 당연하게 여
기며 기뻐하는 사람. 두 아이의 생일마다 원장님이 만든 떡을 입에 넣으
며 나는 조금은 원장님을 닮고 싶었다. 누군가를 닮아 조금 더 나은 사람
이 되고 싶은 열망. 그런 마음은 나를 변화시킨다. 어쩌면 나는 그 마음
을 놓치기 싫어 계속 먼 어린이집을 고집했는지도 모르겠다.

"무지개떡 케이크 어때?"라고 딸에게 물은 것은 원장님이 만들어준
생일 떡보다 화려한 것을 만들어 주고 싶은 욕심이었는지도 모르겠다.

발도르프 교육에서는 아이가 무지개를 그리기 시작하면 기뻐하고 축하한다. 7가지 색의 무지개란 어린 시절의 완성과 행복, 조화를 상징하기 때문이다. 나는 딸의 무지개 그림을 가까운 곳에 걸어두고 소중하게 간직한다. 지상의 모든 것들로부터 빛을 발견하고 누리는 시기는 얼마나 짧고 찬란한지.

"무지개떡? 좋아 좋아!"

딸의 대답에 냉동실에 넣어둔 쌀가루를 꺼냈다. 무지개떡을 만드는 건 어렵지는 않지만, 그 화려함 만큼이나 번거롭다. 쌀가루를 원하는 색깔 수만큼 나누고 따로따로 색을 내고 물주기를 하고 체에 내려야 하기 때문이다. 네 가지 색으로 무지개떡을 하기로 마음먹었다면 색깔별로 쌀가루를 담을 볼만 네 개 필요한 셈이다. 색을 내고 물주기를 하고 설탕을 넣을 각각의 쌀가루를 차곡차곡 틀 안에 올려 찜솥에 얹는다.

떡을 만들고 있자니 생일 잔칫날 새벽마다 쌀가루를 내리며 분주했을 어린이집의 부엌 풍경이 더 구체적으로 떠올라 콧날이 시큰하다. 내가 먹인 것만으로 내 아이들이 크는 것이 아니다. 그러니 나도 내 아이들만 먹일 생각만 하고 살아서는 안 된다. 당연한데 너무 어렵다.

무지개떡을 맛있게 먹는 딸에게 물어본다.

"있잖아. 너 어린이집 다닐 때 생일 때마다 원장님이 떡 케이크 만들어 주셨잖아. 기억나?"

맛있게 떡을 먹던 딸이 갑자기 분통을 터트린다.

"아, 난 초콜릿 케이크 먹고 싶었는데, 선생님이 갑자기 떡 케이크를 하셔서 초콜릿 케이크 못 먹었잖아!"

"그래도 엄마는 그 떡 케이크 맛있었는데."

"난 초콜릿 케이크가 좋아. 선생님 때문에 그걸 못 먹다니! 억울해. 떡 싫어. 케이크가 좋다고."

떡을 싫어한다는 딸은 너무 깨끗하게 떡 그릇을 비우고 사라졌다. 싫다고 외쳐봐야 벌써 그 떡들은 네 피가 되고 살이 되었어. 피식 웃음이 난다.

 예쁜 무지개떡을 만들려면 내가 가진 틀에 알맞은 계량을 해야 한다. 나는 편의상 400g으로 했지만 가지고 있는 틀에 꽉 차는 무지개떡을 만들려면 쌀가루의 양이 달라질 수 있다. 전체 쌀가루의 양을 측정하고, 4등분을 한 후 각각 색을 내고 물주기를 하고 설탕을 섞는 과정은 똑같다. 무지개떡 등의 설기류의 경우 물주기는 쌀가루 양의 약 20~25% 정도로 하고 설탕의 양은 7~10% 정도로 맞춘다. 물주기는 쌀가루의 상태에 따라 다르니 처음부터 다 붓는 것보다는 조금씩 상태를 봐 가며 해야 한다. 설탕의 양은 입맛에 따라 가감하면 된다. 시루에 올린 쌀가루에 금을 긋는 것은 은근히 까다롭고 귀찮은 일이다. 집에서 먹을 때는 좀 삐뚤빼뚤해도 상관없지만 선물할 때는 모양이 신경 쓰인다. 이럴 때는 시중에서 판매하는 시루용 패턴의 도움을 받으면 된다. 윗부분에 모양을 낼 수도 있고 깔끔하게 금을 그을 수도 있다. 시루용 패턴을 살 때는 가지고 있는 무스틀과 크기가 맞는지 꼭 확인해야 한다.

① 습식 쌀가루 400g

습식 쌀가루 400g을 준비하고
4개의 볼에 각 100g씩 소분한다.

② 쌀가루   단호박가루

쑥가루   자색고구마가루

천연가루를 5g 정도 넣어 색을 낸다.
단호박가루, 쑥가루, 자색고구마가루
등을 사용할 수 있다.

③

물 20g

각 가루에 20g의 물을 넣고 손으로
잘 비벼준다. 쌀가루의 상태와 천연
가루의 양에 따라 물의 양은 달라진다.

④

물주기를 한 색가루를 체에 내린다.
연한 색부터 내리면 색이 덜 섞인다.

⑤ 설탕 7g

체에 내린 색가루에
각 7g씩의 설탕을 넣는다.

⑥

찜기에 시루밑을 깔고 틀을 얹은 다음
차례로 가루를 올린다. 가루를 붓고
윗부분을 스크래퍼로 평평하게 정리한 뒤
다음 가루를 올린다. 깔끔하게 자를 수
있게 금을 그어두고 틀을 조금씩
움직여 빼기 쉽도록 한다.

⑦ 25분 정도 찌고 5분간 뜸들이기

가루를 다 올린 후에 불에 얹어 25분쯤 찌고 5분간
뜸을 들인다. 불에 얹고 5분쯤 지났을 때 틀을 빼주어야
떡의 옆면도 잘 익는다. 매우 뜨거우니 장갑을 끼거나
집게 등을 이용해서 살짝 빼준다.

절편

06

매일 먹는 쌀이 떡이 된다

절 편

집 앞 대형마트는 10시에 문을 닫는다. 7시가 넘으면 마트 안 떡집에서 떡을 싸게 팔기 시작한다. 3팩에 사천 원이던 것이 4팩에 오천 원이 되고, 마지막으로 1팩에 천 원이 되면 진짜 문 닫을 시간에 가까워 온 것. 인절미는 한 팩에 열 개 정도, 절편은 여덟 개, 꿀떡은 열두 개쯤 들어있다. 나는 문 닫기 전의 떡집에서 세일 떡을 자주 샀다.

세일 떡에 얼마나 익숙해졌던지 대낮 외출하는 길에 떡집에 들렀다가 절편에 붙은 2,682원이라는 가격표에 이거 원래 천 원 아닌가요? 라는 말이 진짜 입 밖으로 나온 적도 있었다. 떡집 이모가 황당한 표정을 짓길래 나도 모르게 아, 제가 집이 가까워서 밤에 천 원짜리 떡만 사 버릇해서요, 죄송합니다, 라고 얼른 변명 아닌 변명을 한 적도 있다.

아무튼 우리 집 아이들은 절편을 꿀에 찍어 먹는 걸 좋아한다. 바쁜 아침에 전날 밤 천 원 주고 산 절편 한 팩을 뜯어 아이 둘이 4개씩 나누어 먹는 날은 간편하다. 설거짓거리도 없다. 그러면서도 쌀에 대한 무의식적인 신뢰 때문인지 시리얼이나 빵을 먹였을 때보다는 마음이 편했다. 여러모로 절편은 내게 '간편'과 '저렴'의 대명사였다. 그러니 절편을 직접 만드는 것은 비효율적인 일이었다. 겨우 천 원이면 살 수 있으니까.

그런데도 결국 만들어 보고 싶은 마음이 생겨버렸다. 이미 생긴 마음은 되돌릴 수 없다. 늘 그게 문제다. 그건 떡 도장 때문이었다. 백설기를 만들며 윗면에 찍어 모양을 만들 요량으로 떡 도장을 샀다. 하지만 찜기에 올려 평평하게 만든 쌀가루 위를 살짝 찍어보는 것으로는 떡 도장의 진면목을 볼 수 없었다. 꾹, 도장 옆으로 반죽이 불룩 튀어나올 만큼 꾸욱 찍어야 제맛인 것이다. 도장을 찍고 싶었다. 그러려면 절편을 만들어야 했다.

절편은 설기보다 물이 많이 들어간다. 쌀가루 무게의 30~35% 정도의 물주기를 한다. 설기는 적당한 수분감을 가진 쌀가루를 일일이 체에 내리는 것이 일이라면, 절편은 찜기에서 꺼낸 뜨거운 떡 반죽을 치대는 것이 일이다. 목장갑을 먼저 끼고 그 위에 비닐장갑을 낀 뒤 벗겨지지 않게 고무줄로 손목을 감아주면 준비 완료. 식용유를 발라놓은 두꺼운 비닐 위에 떡 반죽을 올리고 힘껏 밀고 누르고 접어준다. 후유. 어느 정도 치대는 것이 되었으면 손바닥으로 밀어 길게 늘인다. 여기서부터 기다리던 떡 도장을 찍는 시간. 꾸욱 힘을 주니 떡이 납작하게 눌리며 예쁜 모양이 떡에 새겨진다. 아, 기분 좋다! 내가 원하던 것이 바로 이거였다. 이 좋은 걸 혼자만 할 수 없지. 아이들을 부른다. 얘들아, 너희도 와서 떡에 도장 찍어봐!

　아이들이 달려와 자기가 원하는 모양 도장을 하나씩 들고 떡을 꾹꾹 눌러 찍는다. 단순한 꽃무늬도, 눈송이 모양도, 가로세로 복잡하게 얽힌 기하학무늬도 찍어놓고 나서 다 예쁘다고 좋아한다. 내가 찍은 모양이 내가 먹을 떡에 새겨진다는 것 자체가 좋은 것이다.

　그런데 떡 도장을 찍어 가위로 잘라내고 보니 떡은 겨우 열댓 개 남짓. 세상에 400g의 쌀가루를 체로 쳐서 찌고 열심히 치대어 모양을 만들어 접시에 담는 데만 1시간은 족히 걸린다. 쌀을 불리고 물을 빼 가루로 빻아온 시간은 치지도 않았다. 하지만 결과물은 겨우 절편 열여섯 개. 굳이 비교하자면 천 원에 한 팩짜리 세일 절편 두 팩. 그러니까 이천 원어치인 것이다. 만들면서 알았다. 떡이 얼마나 사치스러운 음식인지. 그리고 이 사치스러운 음식을 얼마나 쉽게 먹고 있는지. 만드는 과정을 체감하지 못한 떡은 그냥 떡이었을 뿐이다. 물론 쌀로 떡을 만든다는 것 정도는 알고 있다. 하지만 밥 해 먹던 쌀을 불리고 빻은 쌀가루로 떡을 만드니, 쌀로 떡을 만드는 건 이런 거구나 실감이 되었다. 지금이야 쌀이 흔하디흔하지만, 끼니를 걱정해야 하는 시절에 쌀로 떡을 만든다는 건 얼마나 호사스러운 일이었을까. 그렇게 만든 떡은 얼마나 귀한 음식이었을까. 귀하다는 자각도 없이 떡을 먹어온 긴 시간이 부끄럽다. 나도 모르게 아이들을 향해 입이 열렸다.

"이 떡은 우리가 집에서 매일 먹는 쌀로 만든 거야. 쌀로 밥 대신 떡을 만든 거니까 엄청 귀한 거겠지?"

엄마가 무슨 말을 하려고 하는지 모르겠다는 아이들의 표정을 보자, 내가 지금 꼰대 짓을 하고 있다는 걸 알겠다. 내가 부끄럽고 내가 깨달은 것뿐이다. 깨달음은 강요할 수 없다. 고백할 수 있을 뿐.

"그래서 왜요?"

아이가 되묻는다. 나는 말을 아끼며 웃는다.

"맛있게 먹으라고."

그래, 맛있게 먹으면 되는 것이다. 깨달음은 적당한 순간 나비처럼 날아들 테니, 지금은 그냥 맛있게 먹으면 되는 것이다.

 절편을 길쭉하게 밀고 가운데에 앙금을 넣어 잘 여며준 다음, 떡 도장으로 찍고 사이사이 잘라주면 앙꼬 절편이 된다. 고운 앙금을 사용해서 만들면 부드럽고 달콤한 맛이 일품이다.

①

습식 쌀가루 400g을 중간 체에 내린다. 간이
안 되어 있는 쌀가루라면 2g의 소금을 넣는다.

②

물 140g을 넣고 양손으로 비벼서 골고루
섞는다. 약 4~5분간 충분히 한다.

③

시루에 물을 넣고 불 위에 올린다.

④

찜기에 젖은 면포나 실리콘 시루밑을 깔고
설탕을 솔솔 뿌려준다. 그래야 익고 나서
잘 떨어진다. 물주기를 한 쌀가루를 주먹으로
꾹꾹 쥐어 한 덩이씩 찜통에 넣는다.

⑤

물이 끓기 시작하면 찜기를 올리고
센불로 20분간 찐다.

⑥

익는 동안 두꺼운 비닐에 식용유를 발라 준비
한다. 목장갑을 끼고 위에 비닐장갑을 낀다.

⑦

다 익은 떡 반죽을 면포 채로 꺼낸다. 비닐
위에 놓고 뒤집어 떼낸다. 면포 뒷 부분에
소금물을 바르면 반죽이 잘 떨어진다.

⑧

비닐 안에 떡을 넣고 양손에 힘을 주어
밀고 치대어 쫀득하고 매끈하게 만든다.

⑨

가래떡 굵기로 길게 늘인 뒤, 떡 도장을 찍는다.
찍히는 면에 참기름을 솔로 미리 발라둔다.
도장이 찍힌 사이사이를 가위로 잘라 준다.

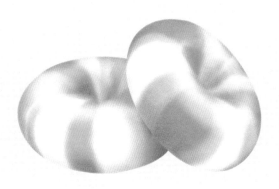

옥
춘
절
편

07

알록달록은 마음을 사로잡아

옥 춘 절 편

어린이들은 알록달록 선명한 색을 좋아한다. 병아리처럼 환한 노랑, 불타는 햇살의 빨강, 깊은 바다의 파랑. 그림을 그리다 자기가 원한 색은 이 파랑이 아니라고 낙담할 때는 당황스럽다. 내 눈엔 그게 그거 같아 보이는 걸. 집 앞 공원에는 그네 두 개가 나란히 매달려 있는데, 하나는 빨강 의자, 하나는 초록 의자다. 색깔만 빼면 모든 게 똑같은 그네인데도 초록 그네를 타고 싶을 때는 반드시 초록 그네를 주장한다. 초록 그네나 빨강 그네나 똑같잖아, 라고 말하면 똑같지 않다는 답이 돌아온다. 왜? 내 물음에 아이는 나를 이상하다는 듯이 쳐다보며 답하곤 했다.

"초록이랑 빨강이 어떻게 똑같아?"

난 언제나 그게 신기했다. 왜 저렇게 색깔에 집착할까.

그러던 어느 날 깨달았다. 햇빛이 비스듬하게 비쳐 드는 오후였다. 거실 안은 어둑했고, 지는 햇살이 닿는 책장의 칸에 꽂힌 책들만이 알록달록한 색을 뽐내고 있었다. 다른 칸 책들의 책등도 물론 알록달록했다. 하지만 햇살이 닿지 않아 어둑했다. 그렇다. 색이 선명히 보인다는 것은 빛이 있어야 가능한 일이다. 빛은 생명의 근원. 갖가지 알록달록한 색을 사랑하는 것은 빛을 사랑하는 것이고 결국 생명, 살아있는 것에 대한 본능적인 끌림이 아닌가, 라고 나름대로 해석했다. 어리다는 것은 근원과 더 가깝다는 뜻. 그러니 분홍 솜사탕에, 노란 아이스크림에 끌리는 것이다. 여기서 약간의 딜레마가 생기는데, 알록달록한 먹을거리들은 대개 빛, 생명과 상관없이 식용 색소의 도움을 받는다는 것. 하지만 한 번쯤은 만들어보고 싶었다. 사팅 질편이라고도 부르는 옥춘절편. 그야말로 사탕처럼 알록달록 동글동글한 떡이다.

색을 넣기 전까지는 절편을 만드는 것과 똑같다. 쌀가루를 체에 내리고 적당한 물주기를 하여 찐다. 다 쪄진 반죽 중 크게 한 덩어리를 떼어놓고 나머지를 네다섯 개의 적당한 덩어리로 나누어 둔 뒤, 천연가루가 있으면 천연가루로, 없으면 약간의 식용 색소로 색 반죽을 만든다. 처음 떼어 놓은 흰 반죽을 길쭉한 원통형으로 밀어준 뒤 색 반죽 역시 길게 밀어 흰 반죽 옆으로 감싸듯이 붙여준다. 반죽들이 서로 잘 달라붙게 길게 민 뒤 손날로 잘라 모양을 만든다.

색 반죽을 만들고 흰 반죽에 붙여 모양을 만드는 건 마치 클레이 놀이처럼 재미있지만, 균일한 모양이 나오도록 힘과 기

술을 사용하는 건 쉽지 않았다. 하지만 완성품은 예쁘다. 아이들은 알록달록한 색의 떡을 신기해했다. 그리고 물었다.

"색깔마다 다 맛이 다른 거야?"

천연가루를 썼다 해도 양이 많지 않아 색다른 맛이 나지는 않는다. 그냥 떡 맛일 뿐. 게다가 나는 빨강과 파랑에 색소를 사용했다.

"그냥 색깔만 예쁘게 낸 거야."

하지만 어린이들은 내 말은 들리지도 않는 듯 혀에 색깔 하나하나를 대보며 맛을 느껴보려 한다. 아무 맛도 안 난다니까.

이 떡의 이름은 옥춘절편. 구슬을 뜻하는 '옥'에 봄을 뜻하는 '춘'. 봄의 여러 색을 담은 구슬 같은 떡일까? 누가 봄에서 아무 맛이 안 난다고 할 수 있을까? 4월의 어느 날이었으므로 나는 깔깔대는 아이들을 보며 속으로 혼잣말을 했다. 그래, 달고 시고 맵고 짠맛이 아니더라도 거기 봄의 맛이 있을지도 모르니 잘 느껴 봐. 봄의 색은 무슨 맛일까? 아마 어른인 엄마보다 너희들이 더 잘 알 거야.

절편을 만드는 것과 같은 방식으로
쌀가루를 찐다.

다 쪄진 떡 반죽을 김장용 비닐에
넣고 잘 치대준다.

쑥가루
20g
단호박가루
비트가루
청치자가루
쌀가루

20g 정도로 반죽을 떼어 5개 정도 준비한다.
천연가루나 식용 색소를 사용하여 색을 낸다.
(천연가루는 쑥가루, 단호박가루, 비트가루,
청치자가루 등을 쓴다.)

흰 떡 반죽을 원통형으로 길게 밀고
색 반죽도 같은 모양으로 밀어준다.
흰 떡 반죽을 가운데로 두고 색 반죽을
주변에 감싸듯 붙여준다.

전체 반죽을 바닥에 놓고 길쭉하게 민다.
흰 반죽과 색 반죽이 잘 붙었으면 손날을 이용해
2~3cm 크기로 자른다. 잘려서 뾰족해진 끝부분을
손가락으로 꾹 눌러 납작하게 만든다.
참기름을 바르고 가운데에 떡 도장을 찍어준다.

참기름을
바르고
떡 도장 찍기

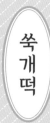

쑥
개
떡

08

쑥 뜯으러 가고 싶다

쑥 개 떡

내 삶에는 시골이라는 것이 없다. 친가도 외가도 다 도시. 어린 시절 기억의 배경은 오직 아파트. 부모님이 베란다에서 키우시던 화분을 제외하고는 추억이 얽힌 나무나 풀도 없다. 그러던 내가 아이를 낳고 주말 농장을 하고, 베란다 상자 텃밭을 하면서 농사의 기쁨을 조금씩 알게 되었다. 내가 씨 뿌리고 키운 것이 끼니가 되는 경험의 각별함만큼이나 놀라웠던 것은 내가 그동안 돈 주고 사 먹었던 것이 사실은 지천으로 널린 풀이었다는 자각이었다. 그 중심에는 쑥이 있었다. 초봄 주말농장 자리를 배정받아 설레는 마음으로 어슬렁거리고 있자니 선배 농장지기 분이 한쪽 손에 한아름 무언가를 들고 다른 한 손으로 푸릇한 땅을 가리키며 말을 건네신다.

"저기 쑥 뜯어다가 국 끓여 먹어요. 지금 딱 좋네."

도시 촌것인 나는 쑥을 아무나 막 뜯어도 되는지 몰라 주춤거렸다. 아니 사실은 쑥이 뭔지 몰라서 눈치를 보고 있었다. 내 폼이 답답했는지 확실하게 가르쳐 주신다.

"여기, 이거 말고 요거. 밑을 잡고 이렇게 쑥 뽑으면 돼."

몇 번 따라 해 본다. 은은하게 쑥 향이 퍼진다. 가져간 비닐봉지에 쑥을 담으며 벌써 배가 부르다. 난생처음 느껴보는 확실한 성취감이 온몸에 퍼진다. 인류의 역사를 50년이라고 한다면 농사를 짓기 시작한 것은 겨우 3개월밖에 되지 않는다고 한다. 나머지 49년 9개월은 수렵 채집의 역사. 기술 문명이 아무리 발달했어도 우리의 DNA는 채집을 갈망하고 있을지도 몰라, 따위의 생각을 하며 거의 자동 반사적으로 쑥을 뜯는다. 세상에 이 정도 마트에서 사려면 삼천 원도 더 하겠어. 하지만 아무리 뜯어봐야 한 번에 먹을 수 있는 양은 정해져 있다. 욕심을 부리다가 냉장실에서 무르기라도 하는 날에는 돈 주고 산 채소가 무르는 것의 두 배는 속이 쓰릴 터였다. 나는 수만 년 역사를 따라 내게 전해진 채집의 본능을 억누르고 집으로 돌아왔다.

나는 뜯어 온 쑥을 보여주며 아이들에게 자랑했다.

"얘들아, 이거 엄마가 뜯어 왔어! 향이 너무 좋다. 우리 이걸로 국 끓여 먹자!"

사 온 것도 아니고 뜯어 왔다니. 아이들도 쑥을 보고 만지고 냄새 맡아 보더니 봄기운을 받아 들썩거렸다.

며칠 후 아들이 풀 하나를 들고 들어왔다.

"엄마, 이거 쑥 맞지요?"

앗! 정말 쑥이었다.

"어, 맞아? 어디서 났어?"

"저기 밖에 많아요!"

아들을 따라 나가 보니 아파트 화단에도 여기저기 쑥이 눈에 들어온다. 세상에 몇 년을 살면서도 화단에서 쑥이 자라는 줄 몰랐다. 아이들이 아니었으면 영영 몰랐을 수도 있다. 아이들은 바구니를 들고 나가 아파트 화단의 쑥을 캐기 시작했다. 이게 쑥이 맞네, 틀리네, 두 아이가 종알종알 신이 났다. 잠시 후 아이들은 쑥을 한 바구니 들고 들어왔다. 쑥 반, 풀 반이지만 나는 정성껏 쑥만 가려내 된장을 풀고 국을 끓여 맛있게 먹었다. 직접 뜯은 쑥으로 만든 국이니 더 맛있을 수밖에. 그게 두 해 전 일이었다.

이번에는 쑥개떡을 만들고 싶었다. 쫀득하면서도 향기롭고 쑥의 섬유질 씹히는 느낌이좋다. 손바닥보다 작게 동그랗게 빚어 찌고 도장을 찍으면 기분도 좋을 것이다. 쑥개떡을 만들자 하니 아이들이 또 쑥을 뜯어 왔다. 그런데 이번에는 아이들이 뜯어온 쑥을 쓸 수가 없다. 두 해를 지나는 동안 새로운 사실을 알게

되었기 때문이다. 수시로 차가 돌아다니는 단지 안 화단에 자라는 쑥에는 눈에 보이지 않지만 미세한 타이어 입자가 붙어 있단다. 그러니 먹지 말라고 자랑스레 화단에서 쑥 뜯어 먹은 경험을 말하는 내게 언니들이 이야기해주었다. 그리고 보니 나도 집 앞에 차를 세워 놓고 공회전을 한

적이 있다. 그래, 그 배기가스가 다 어디로 갔겠는가. 아파트 화단에서
쑥을 뜯어 애들한테 먹여놓고 좋다고 자랑하다니……. 참 대책 없다고
생각하며 평소에는 잘 하지 않는 자책을 잠시 했다.

아이들이 뜯어 온 쑥 중에 이파리 하나만 빼놓고 나머지는 가만히 봉
지에 담아 냉장고에 넣는다. 그리고 유기농 매장에서 사 온 쑥을 다듬으
며 조금 전에 빼놓은 아이들이 뜯은 쑥 이파리 하나를 넣었다.

참기름을 발라 반짝거리는 동그란 떡을 집어 먹으며 아이들은 연신
신이 났다.

"이거 우리가 뜯은 쑥으로 만든 거죠?"

"응, 그럼."

나는 자신 있게 말할 수 있다. 여기에는 분명히 아이들이 뜯는 쑥 이
파리 한 개가 들어가 있으니까. 내 집 앞 땅에서 난 것이 내 먹거리가 되
는 순환을 갈망하는 채집인의 DNA도 함께. 그러니까 이건 너희들의 쑥
개떡이야. 하지만 할 수 있다면, 내년에는 차가 다니지 않는 어느 들판에
바구니를 들고 가서 실컷 쑥을 뜯어오고 싶다. 몰래 숨길 걱정 없이.

쑥은 몸에도 좋고 활용도도 높은 부재료다. 잘 씻어 물기를 뺀
쑥과 쌀가루를 버무려 찜통에 찌면 쑥의 식감을 고스란히 느낄
수 있는 쑥버무리가 된다. 찰밥에 삶은 쑥을 넣어 치대면 쑥인절미가 된
다. 카스텔라나 찐빵, 머핀에 쑥을 넣기도 한다. 봄날에 많이 따 온 쑥은 가
루로 만들면 보관도 쉽고 원하는 곳에 편하게 넣어 사용할 수 있다. 쑥가

루는 쑥을 푹 삶은 다음 꼭 짜서 건조기에 말린 뒤 믹서기에 곱게 갈면 된다. 직접 만들 수도 있지만 베이킹 숍에서 손쉽게 구할 수 있는 품목이니 사서 편하게 사용해도 좋다.

① 쑥 200g을 잘 씻어 끓는 물에 소금 1스푼을 넣고 1~2분 삶는다. 찬물에 헹구어 꼭 짠다. 칼로 송송 다지듯 썰어 준비한다.

소금 1스푼
쑥 200g

② 습식 쌀가루 300g에 쑥과 물 150mL, 소금 8g, 설탕 15g을 넣고 반죽한다. 원하는 크기로 조금씩 떼어 동그랗게 빚은 뒤 꾹 눌러 모양을 잡는다.

소금 8g
설탕 15g
물 150mL
습식 쌀가루 300g

③ 찜솥에 물이 끓으면 반죽을 올린 찜기를 솥에 올려 센불로 20분 정도 찐다. 완전히 식기 전에 참기름을 살짝 바르고 떡 도장을 찍는다.

센불에 20분
참기름을 바르고 떡 도장 찍기

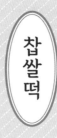

찹쌀떡

09

이래서 이 떡을 시험 전날 주는군요

찹 쌀 떡

쌀가루를 만들려고 멥쌀을 불리면서 찹쌀도 불렸다. 건식 찹쌀가루로 만든 인절미가 기대한 맛이 아니었던 것이 첫 번째 이유였다. 또 한 가지는 찹쌀떡을 만들어 보고 싶었기 때문이다. 달콤한 팥소가 들어간 쫀득한 찹쌀떡! 과연 집에서 만들 수 있을까?

빻아온 습식 찹쌀가루에 가루 양의 20% 정도 물주기를 한 후 체에 내린다. 설탕을 섞고 꾹꾹 쥐어 면포를 깐 찜기 위에 올려 끓는 물에 20분 이상 찐다. 잘 쪄진 떡 반죽을 꺼내 5~10분 정도 잘 치대 주는데, 떡 반죽은 매우 뜨거우니 조심한다. 미리 준비한 팥소를 넣고 떡 반죽으로 감싸 잘 오므려준다.

이렇게 적고 나니 과정이 간단해 보이지만 실제로는 무척 힘들었다. 우선 반죽을 면포에서 떼어내는 것부터 보통 일이 아니었다. 면포에 미리 설탕을 뿌리고 찹쌀가루를 얹어 찌면 잘 떨어진다고 하여 그렇게 했지만, 잘 떨어지지 않았다. 스크래퍼로 바닥을 세게 긁어서야 겨우 떨어졌는데, 기름을 묻히지 않았더니 스크래퍼에 또 반죽이 달라붙어 버렸다. 스크래퍼에 달라붙은 반죽을 떼려다가 결국 열 손가락에 반죽이 다 달라붙어 버렸다. 여길 떼려면 저기가 붙고 저기를 떼려면 여기가 붙고 난리도 이런 난리가 없었다.

찹쌀 반죽은 어디엔가 붙으면 잘 떨어지지 않고 늘어난다. 한참 씨름을 한 뒤에야 전분을 깔고 반죽을 떼어 하나씩 앙금을 넣어 찹쌀떡을 완성했다. 평소에는 요리에 잘 쓰지 않는 전분에게 고마움을 느낄 정도였다. 전분이 아니었으면 그 언젠가 우리 아이들이 그랬던 것처럼 열 손가락에 붙은 찹쌀 반죽을 떼어먹는 것으로 요리를 마무리했을 것이다.

찹쌀떡을 처음 먹어본 어린 시절에 왜 이런 허연 밀가루를 떡에 발라 놓는 것인지 이해가 안 갔다. 그때는 전분이 뭔지도 몰랐으니 처음에는 설탕인가 하고 손가락으로 찍어 먹었다가 텁텁한 맛에 퉤퉤거렸다. 찹쌀떡을 먹다 보면 반드시 입가에 보기 싫게 허연 가루가 묻는 것도 싫었는데, 이제야 안 것이다. 전분이 없으면 찹쌀떡도 없다.

사실 나는 시험 전날 찹쌀떡을 주는 게 늘 이상했다. 떡이라는 것이 소화가 잘되는 음식도 아니고 잘못 먹으면 체할 수도 있다. 그렇지 않아도 시험 전날은 긴장해 있을 텐데 왜 하필 찹쌀떡을 주나? 그런데 찹쌀떡을 한번 만들어 보고야 무엇이든 스치기만 하면 달라붙어 버리는 찐 찹쌀 반죽의 힘을 알게 되었다.

합격을 간절히 바라며 시험을 보러 가는 사람들에게 붙으면 떨어질 줄 모르는 찹쌀 반죽은 먹는 것 이상의 주술적인 의미가 있었으리라. 전분가루로 찰싹 달라붙는 능력을 잠재우고 완성된 찹쌀떡. 먹는 것만으로는 상상할 수 없는 원재료의 에너지를 느끼고서야 특별한 날 특별한 음식을 먹는 것을 좀 더 진지하게 받아들이게 되었다. 그동안 나는 예를 들어 액을 막는다며 생일에 붉은색 수수팥떡을 해 먹는 것이나, 오래 살기를 바라는 마음으로 긴 가래떡을 잘라 떡국을 해먹는 것을 대놓고 비판하지는 않았지만, 속으로는 비합리적이라고 생각해 온 것이다.

하지만 간절한 염원을 가진다는 것은 그만큼 삶이 내 맘대로 흘러가지 않는다는 반증 아닐까. 어떻게 해서라도 복과 운을 붙잡고 싶은 마음은 나 역시 아이들을 낳고서 더 많이 생겼다. 뜻대로 되지 않는 삶이 하나에서 셋이 되어버린 것이니까. 나도 언젠가 아이들이 중요한 시험을 보러 가는 날이면 기도하는 마음으로 찹쌀떡을 건네게 되겠지. 한번 붙으면 떨어질 줄 모르는 찹쌀의 속성이 아이에게 스며 행운을 가져다주길 바라면서…….

 찐 찹쌀 반죽을 치대어 매끄럽게 만드는 것은 쉽지 않기 때문에 핸드믹서 반죽 날을 사용하면 편하다. 거품 날이 아니라 반죽 날을 사용해야 한다. 또 소를 넣어 떡을 만들 때 손에 기름을 발라가면서 하면 달라붙는 것을 어느 정도 방지할 수 있다.

요즘에는 알록달록 색을 넣은 찹쌀떡도 흔하게 볼 수 있다. 다 쪄서 치댄 반죽을 기름 바른 비닐 안에 넣고 원하는 색 가루를 넣어 조물조물해 주면 색을 낼 수 있다. 노란색을 원하면 단호박가루, 초록색을 원하면 쑥가루 등 천연가루를 이용하면 된다.

소로 넣는 앙금도 보통은 고운 앙금을 사용하지만, 직접 팥을 삶으면 원하는 식감을 낼 수 있다. 소에 호두 등 견과류를 넣어서 씹는 맛을 더할 수도 있다. 보통 소를 미리 만들어 놓는데, 떡을 치댈 동안 냉동실에 넣어두면 단단해져서 반죽으로 감쌀 때 좀 더 쉽다.

①

습식 쌀가루 500g

물 100mL

습식 찹쌀가루 500g에
물 100mL를 넣고 물주기를 한다.

②

가운데를 비워
김이 잘 올라오도록

체에 한번 내리고 설탕 30g을 섞은 뒤
젖은 면포를 덮은 찜기에 넣는다. 찹쌀가루를
주먹으로 꼭 쥐어 덩어리 채로 넣거나,
한 번에 쏟아 넣고 가운데를 비워
김이 잘 올라오게 한다.

③

20분 이상 찌기

끓는 찜솥에 얹어 20분 이상 찐다.

④

5~10분 치대기

익은 떡 반죽을 꺼내 5~10분 잘 치대준다.
제빵 반죽기에 넣고 치대도 된다.

⑤

팥소 20~30g

20~30g 정도로 떼어
동그랗게 팥소를 만든다.

⑥

반죽 40~50g

40~50g으로 반죽을 떼어 팥소를 가운데에
넣고 떡 반죽을 잘 감싸 오므려준다.

쌀
식
빵

10

정말 쌀가루만으로 식빵을?

쌀 식 빵

집 근처 대형마트에는 쌀 빵을 파는 곳이 있었다. 쌀 빵은 일반 빵보다 20~30% 정도 비싸지만, 밀가루로 만든 빵을 먹는 것보다는 몸에 좋을 것 같아 자꾸 기웃거리게 되었다. 판매대 앞에서 점원분께 가장 많이 듣게 되는 말은, 백 퍼센트 쌀로 만든 빵이라는 말이었다. 나는 항상 의심했다. 쌀이 조금 들어가는 걸 과장하는 거 아니야? 쌀만으로 빵을 어떻게 만들어? 떡도 아니고. 나의 마음을 눈치채셨는지 더 열심히 진짜 쌀만으로 만든 거라고 몇 번이나 힘주어 강조하시곤 했는데, 나는 숫자 앞에 약한지라 옆에 있는 빵집으로 가 조금 더 싼 밀가루 빵을 카트에 넣으며 이런 생각을 하곤 했다. 그래봐야 빵이야. 뭐 그렇게 다르겠어.

그런 내 생각이 바뀐 건 둘째의 아토피 때문이었다. 아주 심한 건 아니지만 둘째는 늘 목덜미와 오금을 긁었다. 아토피는 정말 귀찮은 녀석이다. 증상은 확실하지만 원인을 찾는 건 불가능하다. 할 수 있는 걸 하나씩 해 보는 수밖에. 어린이집 원장님은 음식이 문제니 우유와 밀가루를 끊으라고 했고, 아이를 진료한 한의원 원장님은 먹는 것과는 별 상관이 없으니 괜히 스트레스 주지 말라고 했다. 우유와 밀가루를 끊으면 간식을 뭘 먹나? 그래 일단 우유는 두유로 대체해 보자. 그럼 빵은 어쩌지? 애가 둘인 것도 문제다. 동생이 아토피로 힘드니 너도 참고 빵을 먹지 말라고 할 수도 없고, 그렇다고 동생은 먹지 말라고 해 놓고 그 앞에서 누나만 빵을 먹으라고 할 수도 없다.

　이런 처지가 되자 백 퍼센트 쌀로 만든 빵이에요, 라는 말이 예전처럼 흘려 넘겨지지 않았다. 급기야 멈추어 서서 되묻기 시작했다. 진짜 쌀로만 만들어졌나요? 저희 애가 아토피라 밀가루를 줄여야 해서요. 역시 사람은 궁지에 몰리면 변한다.

　사 들고 온 쌀 빵은 확실히 폭신한 식감은 덜하고 쌀 특유의 쫄깃함이 있었다. 모르는 채로 먹는다면 뭔가 부재료를 더 넣은 밀가루 빵이거니 하고 먹을 것 같았다. 아이들 역시 별 거부감은 없어 보였다. 둘째에게 우유 대신 두유를 마시게 하고 빵은 쌀 빵으로 사서 두 아이가 같이 먹게 하면 될 일이었다. 그러나 그렇게 끝나지 않았다. 문제는 언제나 나인데, 정말 100% 쌀가루로 빵을 만들 수 있는 거야? 그게 진심으로 궁금해져 버린 것이다.

　제빵용 쌀가루를 찾아보니 정말 제품이 있다. 떡을 쪄 먹는 습식 쌀가루로는 빵을 만들 수 없다. 빵을 부풀게 하는 단백질인 글루텐이 없기 때문이다. 나는 글루텐이 첨가된 제빵용 쌀가루를 샀다. (최근에는 글루텐

프리 제빵 쌀가루도 판매되고 있다. 이 경우에는 글루텐을 대체하는 식이섬유를 첨가하여 빵의 식감을 낸다고 하는데 나는 아직 사용해 보지 못했다.) 식빵부터 시작해 보자. 두근두근, 과연 쌀가루로도 밀가루처럼 올록볼록 식빵을 만들 수 있을까?

　미지근한 우유에 이스트를 넣어 준비해 두고 강력 쌀가루, 소금, 설탕을 섞어 둔다. 액체 재료를 가루 재료에 넣어 잘 섞어 한 덩어리가 되도록 반죽한다. 어느 정도 반죽이 되면 실온 상태의 말랑한 버터를 넣어 반죽에 잘 흡수되도록 치대준다. 여기까지는 일반 강력분 밀가루로 식빵을 만드는 과정과 똑같다. 밀가루로 빵을 만들 때는 여기서 1차 발효를 하는데, 쌀가루로 만들 때는 15분간 휴지만 해 준다. 휴지해 둔 반죽을 취향에 맞게 두세 덩어리로 나누어 성형한 뒤 틀에 넣고 발효한다. 약 1시간쯤 발효한 후 180도로 예열한 오븐에 넣고 20분간 구워준다.

　올록볼록 예쁘게 부풀어 오르는 것도, 고소하게 빵 굽는 냄새가 집안에 퍼지는 것도 똑같다. 다 구워진 빵을 꺼내 잘라먹어 보니 역시 맛있다. 밀가루 빵은 밀가루 빵대로, 쌀가루 빵은 쌀가루대로 특유의 식감이 있어 어떤 것이 더 낫고 못 하다 할 수 없다. 다만 차이가 나는 것은 주재료의 가격. 밀가루는 1kg에 천이백 원 선인데, 쌀가루는 삼천육백 원 선이다. 글루텐 프리 쌀가루는 팔천 원 선. 집에서 한두 번 만들어 먹는 것이야 이걸로도 저걸로도 해볼 수 있는 금액이지만, 빵을 만들어 파는 사람 입장에서는 충분히 고민이 될 만한 차이 아닌가. 이렇게 원재료 값의 차이가 나니까, 쌀 빵이 20~30% 더 비쌌던 것도 당연한 이치였다. 그것도 모르고, 쌀 빵이라고 쌀가루 조금 더 넣고 왕창 비싸게 받는 거 아닐까 생각했던 것도 부끄럽다.

 그렇게 우리는 내가 사 온 1kg짜리 제빵용 쌀가루 2봉지를 다 쓸 때까지 몇 번 쌀 식빵을 해 먹었다. 그래서 둘째의 아토피가 좋아졌냐고? 그런 것 같기도 하고 아닌 것 같기도 하다. 며칠 덜 긁은 것 같기도 한데, 그게 빵 때문인지 아닌지 모르겠다. 그러고 나서 또 며칠 지나 더 긁은 것 같기도 한데, 도대체 아이가 먹는 모든 음식을 다 공책에 적을 수도 없으니 잘 모르겠다. 밀가루를 쌀가루로 바꾼다고 해도 우유와 버터, 설탕 같은 재료를 완전히 안 넣을 수 없는 것도 이유였다.

나는 최선을 다 해 보았으나 잘 모르겠다는 것을 순순히 인정했고, 완벽하게 아이의 증상을 없앨 수는 없다는 것을 받아들였으며, 그렇다고 해서 내가 형편없는 엄마는 아니라고 주문을 외웠다. 병의 치료도 중요하지만, 삶의 질도 중요하니까. 그냥 조금 긁고 먹고 싶은 거 먹는 것이 매일매일 수첩에 먹은 걸 다 적어보자, 보다는 8세에게 어울릴 것 같아서이다. 그러나 이렇게 말하면서도 마음 밑바닥에서 죄책감이 찰랑이는 것을 막을 수는 없다. 아이 건강은 모두 다 엄마 책임이야, 라는 목소리. 못된 목소리 같으니라고. 훠이! 저리 가라.

 제빵용 쌀가루에도 강력과 박력이 있다. 강력 쌀가루로는 식빵을 주로 만들고, 박력 쌀가루로는 케이크와 쿠키를 만들 수 있다. 박력 쌀가루와 아몬드가루를 주재료로 해서 쌀 샤브레를 만들어도 맛있다. 버터 대신 카놀라유 등의 식용유를 사용하면 좀 더 담백하게 즐길수 있다. 카스텔라나 컵케이크 같은 경우에는 박력 쌀가루를 사용해서 만들었을 때 밀가루와 식감이 무척 비슷하다. 밀가루 섭취는 줄이고 싶지만, 빵은 포기할 수 없을 때 쌀가루 카스텔라를 추천한다.

①

제빵용 강력 쌀가루 200g에 설탕 10g,
소금 2g을 미리 섞어 놓는다.

②

미지근하게 데운 우유 140mL에
이스트 5g을 넣고 잘 섞어준다.

③

가루 재료와 액체 재료를 섞어 반죽한다.
(반죽기를 사용해도 된다)

④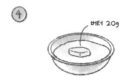

실온에 두어 말랑해진 버터 20g을
반죽에 넣고 버터가 흡수될 때까지
다시 반죽한다.

⑤

20분 정도 휴지

성형하고 싶은 모양으로 반죽을 2~3
덩어리로 나누어 20분 정도 휴지한다.

⑥

휴지한 반죽을 밀대로 잘 밀고
돌돌 말아 빵틀에 넣는다.

⑦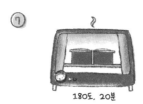

180도, 20분

1시간 정도 발효한 뒤 180도로 예열된
오븐에 20분간 굽는다.

⑧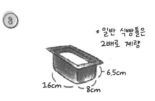

* 일반 식빵틀은
2배로 계량

6.5cm
16cm 8cm

위의 분량은 가로*세로*높이=16*8*6.5의
미니 식빵 틀의 분량이다. 일반 식빵 틀을
사용한다면 2배로 계량하면 된다.

에필로그

　처음 빵을 만들기 시작했을 때, 밀가루를 계량하고 있자면 이런 문장이 마음속에서 울렸다.

　'콩나물도 잘 못 무치는 주제에.'

　아니, 빵이랑 콩나물이 무슨 상관이라고 시도 때도 없이 이 문장이 생각나는 건지. 얼마간 이 문장을 음미하고서야 알았다. 좋은 엄마라면 우선 삼시 세끼를 건강하게 잘 챙기는 것이 우선인데 그것도 잘 못하면서 간식이나 만들고 있는 것은 어리석다는 생각이 내 안에 뿌리박혀 있었던 것. 그렇다고 내가 애들을 굶기나? 그건 아니다. 나는 다만 '완벽한 엄마'가 아닐 뿐이다. 완벽한 엄마라면 영양의 균형을 생각해야 한다. 완벽한 엄마라면 아이들이 규칙적으로 생활할 수 있도록 해야 하고, 완벽한 엄마라면 아이들이 학교에서 뒤처지지 않도록 해야 한다. 완벽한 엄마라면 정서적으로 아이들을 지지해야 하고, 완벽한 엄마라면 아이들의 마음에 꿈을 심어주어야 하고, 완벽한 엄마라면… 아아아, 나는 이 뒤에 백 문장도 더 쓸 수 있다.

물론 안다. 완벽한 엄마 따위는 없다. 머리로 알지만, 마음은 언제나 이상 때문에 고통받는다. 내가 뭘 놓친 건 아닐까? 내가 무언가 놓쳐서 내 아이의 인생을 망치고 있는 건 아닐까? 라는 망상은 마음의 지옥으로 가는 특급열차쯤 된다. 흔히 말하는 '좋은 엄마'란 '완벽한 엄마'의 좀 부드러운 버전. 나는 좋은 엄마인가? 천 번을 물어도 확실하게 대답할 수 없다. 젠장.

그러나 확실하게 대답할 수 있는 것도 있다. 이건 경험으로부터 나온 것이다. 아이들은 완벽해지려고 하는 나보다 즐거움에 마음을 여는 나를 언제나 더 사랑했다. 야, 재미있겠다! 하고 시작했지만 망쳐서 서로 위로할 때, 이상한 모양으로 나온 빵을 깔깔거리며 같이 먹을 때, 우리 오늘은 이걸 한 번 해볼까, 라고 눈을 빛낼 때 아이들과 나 사이에 흘러 다니던 부드럽고 따뜻한 기운은 사랑이라는 단어로만 포착되는 에너지. 아이들은 내가 완벽한 빵을 만들어서 나를 사랑하는 것이 아니다. 우리가 함께 즐거웠기 때문에 서로 사랑하는 것이다.

내가 좋은 엄마가 될 수 있을까? 모르겠다. 하지만 선택할 수 있다면 나는 좋은 엄마 대신 사는 건 신나는 일이야, 라고 진심으로 말하는 엄마가 되고 싶다.

만약 내가 내일 죽게 된다면, 그래서 시간이 없어 딱 한 가지 삶의 진실을 오직 한 문장으로 아이들에게 전해야 한다면 뭐라고 말해야 할까를 한동안 생각한 적이 있었다. 내가 전할 진실의 문장은 이것이다.

"얘들아, 우리는 기쁨을 느끼기 위해 이 세상에 왔어. 그러니 네게 찾아온 삶의 기쁨을 누리렴."

우리가 만든 마들렌과 생크림 케이크, 무지개떡과 찹쌀떡 안에 기쁨의 조각이 있다. 내 손으로 만들고 함께 나누어 먹는 단순하고 소박한 기쁨. 이제야 알 것 같다. 콩나물도 잘 못 무치는 내가 왜 빵을 만드는지.

내가 빵을 굽다니,
찬장 속 밀가루가
웃을 일이다

© 박채란, 마타, 2023

1판 1쇄 펴낸날 2023년 2월 20일

글 박채란 **그림** 마타(인스타 @todo_de_mata) **디자인** 이미정

총괄 이정욱 **편집·마케팅** 이지선·이정아

펴낸이 이은영 **펴낸곳** 도트북

등록 2020년 7월 9일(제25100-2020-000043호)

주소 서울시 노원구 동일로 242길 87 2F

전화 02-933-8050 **팩스** 02-933-8052

전자우편 reddot2019@naver.com

블로그 blog.naver.com/reddot2019

인스타그램 @dot_book_

ISBN 979-11-977412-6-5 13590